家政概論

張文軫、張嘉苓　編著

全華圖書股份有限公司

作者介紹

張文軫

敏惠醫護管理專科學校
美容保健科、護理科　主任

最高學歷

台灣大學護理研究所

經歷

- 馬偕醫院新生兒加護病房及觀察室護理師
- 台北醫學院護理系講師
- 大仁技術學院護理系講師
- 28 屆護理教育委員會委員（聘期 95-98 年）
- 97-104 年度病患服務員術科測試之監評人員
- 98-105 年度台南縣保母人員培訓課程之授課講師
- 99-100 年首府大學健康與美容事業管理中華醫事科技大學化妝品與應用管理系 100 年度「金妝獎」評審委員
- 104 年度 RAFA 澳洲皇家芳療師協會之考試監考委員
- 105 年度嘉義基督教醫院護理雜誌審稿委員

學術專長

兒科護理、嬰幼兒保健、芳香療法與保健

專業證照

護理師證書 (護士證書)、病患服務員監評資格證照、澳洲高階芳療師證照、兒童發展師證照、醫學美容諮詢師證照、國際禮儀師證照

作者介紹

張嘉苓

敏惠醫護管理專科學校
美容保健科　助理教授

最高學歷

國立高雄科技大學
化學工程與材料工程系博士

經歷

- 高雄市 & 屏東市環保局評選委員
- 經濟部能源局評選委員
- 經濟部工業局評選委員
- 臺南市勞工局美容美髮類失業者職業訓練評選委員
- 關廟國中評選委員
- 臺大醫院新竹分院評選委員
- 臺灣中油生技評選委員
- 臺中市政府民政局評選委員
- 第 49 屆全國技能競賽——美容職類裁判
- 中華芳香本草應用學會理事
- 國立高雄科技大學化材系理事
- 國立成功大學人類研究倫理審查委員
- 全國技專校院專業技術人員審查委員
- 美容科技學刊審查委員
- 國際認證中心顧問
- NCCA 凝膠指甲初級檢定監評委員
- 新東國中職業達人講座講師
- 南新國中技藝班及家政課程授課老師
- 國際＆全國美容美髮美甲美睫競賽評審及監評長
- 艾柏盃全國芳香療法競賽監評委員
- 澎湖第一生技保養品開幕特聘美容專家
- 南瀛國際工商經營研究社美姿美儀講師

學術專長

美容乙丙級、指甲彩繪、服裝設計、珠寶捧花、化粧品配方、化粧品化學、整體造型、配飾設計、芳香療法、美容美體、美術、家政、多媒材設計、藝術賞析、藝術策展、色彩學

獲獎

- 榮獲敏惠醫護管理專科學校全校招生績優獎。
- 榮獲敏惠醫護管理專科學校美容保健科績優導師獎。
- 榮獲第七屆國際盃美容美髮大賽「創意化妝設計圖作品完成組」亞軍。
- 榮獲台南市政府教育局頒發家政職群 「美容主題 」國中技藝教育競賽佳作指導老師。
- 榮獲國際文創盃設計競賽「珠寶捧花設計靜態作品」第四名。
- 榮獲敏惠醫護管理專科學校教學優良教師。
- 榮獲台灣盃全國美容美髮家事技術競賽大會「教育金質獎」及「教學卓越獎」。
- 榮獲台灣高雄市長盃全國美容美髮技術競賽大會「師鐸獎」。

專業證照

美容乙級證照、服裝丙級、澳洲國際芳香療法 IAAMA 高階芳香療師、美國 ENTITY 水晶、粉雕及法式技師證、國際禮儀接待員乙級、二級美甲師、二級美睫師、中藥草芳香保健師高級、婚禮顧問企劃師甲級、美髮造型師甲級、美容造型師甲級、甲種業務主管、二級美甲貼鑽設計師、國際化粧品調製工程師、國際彩粧品配方師

目 次

1 CHAPTER

家政的意義、範圍與發展

第一節　家政的意義與範圍 008
第二節　家政的沿革 011
第三節　家政職業的發展 019

2 CHAPTER

家庭生活管理與環保

第一節　家庭生活環境的認識與選擇 030
第二節　家庭生活環境的安全與管理 034
第三節　家事工作簡化...044
第四節　環保重要性與生態環境污染 048
第五節　資源處理與回收 054
第六節　家政職場的環保工作 057

3 CHAPTER

嬰幼兒發展與保育

第一節　嬰幼兒生理發展與保育 064
第二節　嬰幼兒心理發展與保育 071
第三節　嬰幼兒常見疾病的預防與照顧 091
第四節　幼保相關行業介紹 097

4 CHAPTER

禮儀

第一節　禮儀的意義與重要性.................................108
第二節　日常生活禮儀...109

5 CHAPTER

膳食與生活

第一節　均衡營養與膳食 134
第二節　食物選購與儲存 149
第三節　食品的衛生與安全 156
第四節　膳食相關行業介紹 164

6 CHAPTER

服飾與生活

第一節　服飾的功能 176
第二節　服飾的選購 180
第三節　織物的種類及辨識 186
第四節　服飾搭配的基本概念 194
第五節　服飾的清潔與保養 203
第六節　服飾相關行業介紹 211

7 CHAPTER

美容美髮與生活

第一節　美容美髮的重要性 224
第二節　皮膚與頭髮的基本生理概念 226
第三節　美容美髮用品的認識與應用 237
第四節　美容美髮相關行業 242

8 CHAPTER

時尚與生活

第一節　流行時尚的趨勢 254
第二節　家政與時尚 261
第三節　與時尚相關之生涯發展 263
第四節　模特兒相關行業介紹 264

1

Chapter

家政的意義、範圍與發展

1. 瞭解家政的意義
2. 知道家政的範圍及其發展
3. 明瞭國內外家政教育的沿革
4. 瞭解家政相關職業的發展

家政是綜合生活領域的實用課程，無論時代如何變遷，人類生活的各項問題，都涵蓋於家政的生活應用領域。家政的範圍不僅是基本生活的洗衣、煮菜、打掃的學習，婚姻、家人溝通、家庭經濟、親職教育、老人照護、消費知識、家庭環境等，都是家政學習的重點。本章將介紹家政的意義與發展，並介紹國內外家政教育的發展與沿革，以及家政學習的內容和家政相關的行業，以期與未來的職業結合。

第一節　家政的意義與範圍

一、家政的意義

家政是一門解決日常生活中有關個人、家庭、社會及環境等各項問題的學科。家政課程涵蓋範圍很大，舉凡人類生活中食、衣、住、行、育、樂等皆涵蓋在內，主要是以管理家庭生活學科爲主，是管理學也可以是應用科學。唯有良好的家政教育，才能培養正確的人生價值與生活態度，藉由有效的管理策略，建立幸福的家庭與良善和諧的社會，因此家政可說是一門相當實用的課程。

家政一詞源自西元 1899 年，美國一群熱愛家政的學者，在紐約柏拉塞特湖（LakePlacid）舉行的第一次家政會議中，議定以「Home Economics」此專有名詞代表家政，Home 是家，是人類出生後首先接觸的單位，也是人類成長、人格養成最重要的場所，而家庭是人類社會的基本組織，家政與家庭是密不可分的；Economics 爲經濟學之意，並有管理的意涵，以經濟學的出發點來管理一個家，達到在金錢、精力與時間上，速、簡、實、儉的家庭經營成效。

西元 1908 年 12 月 31 日美國家政學會（AHEA） 在華盛頓成立，美國李察士夫人（Ellen Swallow Richards）當選爲第一任會長（圖 1-1）。

西元 1912 年美國家政學會認為：「家政是一門專門的學問，包括經濟、衛生、食、衣、住、行、育、樂等的預備和選擇，是管理家庭所必備的。」

圖 1-1　李察士夫人

西元 1924 年時，美國各大學家政聯合會又加以補充：「家政應包括一切有關家庭生活的安適與效率的因素，內容應有關應用科學、社會科學與藝術，且能夠解決有關理家問題的綜合科學。」

在社會及環境的變遷下，原來家政系的使命也有所改變，為避免混淆，以及為契合學術機構的宗旨，而將「家政」改為「人類發展學」（Human Development）、「家庭與消費者科學」（Family & Consumer Sciences）等名稱，美國現在中等學校的「家政」稱為「家庭與消費者科學」。家政的定義隨著家政範圍的擴展而更推進，它包含精神與物質兩大部分，除了理家相關知識及技巧外，家人的健全心理、倫理道德觀及現今環保與生活議題等，皆以提高人類生活水準，共同創立美好未來為目的，從而展開家政的學習。

二、家政的範圍

家政的範圍甚廣，但都是緊扣著人類生活的一切發展，既實用又有趣（圖 1-2）。

圖 1-2　生活中食、衣、住、行、育、樂等，都屬於家政的範圍

（一）依學習性質分類

1. 食物與營養：營養學、食物學、中西餐烹飪、烘焙、飲料調製、膳食設計、特殊膳食設計、餐飲服務、食品加工、餐飲業管理、食品衛生與安全等。
2. 織物與服裝：服裝材料學、縫紉、服裝設計、服飾選購、服裝管理、櫥窗設計、造型設計、服飾經營、模特兒。
3. 環境與居住：環境選擇、住宅設計、室內佈置、庭園造景、E 化家庭、家庭環境衛生、能源危機。
4. 禮儀與美姿：禮儀規範、社交禮儀、化妝與美容。
5. 育兒：嬰幼兒發展與保育、兒童發展、青少年發展。
6. 性別與婚姻：性別認知、交往擇偶、婚姻諮詢、婚姻關係、家庭發展。
7. 家人關係：家人發展、親職教育、子職教育。
8. 家庭生活：家庭管理、家人保健、家務處理、家庭型態、家庭法律常識、家庭教育。
9. 家庭經濟：家庭經濟與消費、家庭簿記、消費者心理與相關知識。
10. 高齡者照顧：高齡者住宅設計、高齡者飲食設計、高齡者保健與照顧、高齡者人力資源應用。
11. 家庭工藝：居家布置、插花、編織、手工藝等。
12. 家政教育：家政教材教法、家政教育實習、教案製作、成人家政教育。

（二）依教育目的分類

職業教育

隨著社會多元化的發展，家政教育為培育各領域的專才，將家政群細分為家政、服裝、美容美髮、幼保、時尚模特兒五科，也是現今社會重要的職業領域。

生活教育	家政教育的目的在改善家庭及提高家庭生活品質，家庭是社會的基本單位，一切的社會問題如家庭暴力、青少年問題、資源浪費、環境汙染、高齡者照護問題等，其根源皆來自家庭生活教育的不足或缺失，要解決社會上許多問題，就要從家人關係、溝通及生活教育做起。
全民教育	不論男女老少，每個人除了應具備基本生活的能力之外，更應該學習經營家庭所需具備的相關學問，共同分擔家庭經濟及家務工作，才能讓生活品質提高，營造健全的家庭。
終身教育	舉凡家務工作、家人保健、聰明消費、環保知識、家人關係等家政教育相關領域，都是我們必須學習的課題，所以家政教育是一種活到老、學到老的終身教育。

第二節　家政的沿革

隨著時代的變遷，不論中外，家政的定義與內容也隨之改變，從最初理家事務的學習，到相關職業的專業人士養成，其中歷經了許多變革，值得我們深入瞭解。

一、我國家政教育的沿革

我們是一個以「家」爲國本的國家，自古以來就十分重視理家的各種事務。茲介紹如下：

（一）黃帝時期到明末

時期	發展重點
黃帝時期	嫘祖教民蠶桑製衣裳，養蠶、紡絲、織布是女子不可旁貸的責任

時期	發展重點
周朝	家政教育頗具系統，禮記：「古者婦人先嫁三月 ......；教以婦德、婦言、婦容、婦功。」
漢朝	班昭著《女誡》一書，成爲女子教育的典範，一直到民國初期都是讀書女性必讀的啓蒙書。
唐朝	宋若昭著《女論語》十篇，詳細講解女子教育。
六朝	顏之推寫《顏氏家訓》一文，成爲當時治家重要典籍。
明朝	溫璜寫《溫氏母訓》，來源於溫母貞良的節操，富含了修身齊家的深遠智慧。

（二）清朝

時期	發展重點
明末清初	朱用純（朱柏廬）所著《朱子家訓》（朱柏廬治家格言），爲清朝重要治家典範。
道光 10 年 1830 年	德國傳教士郭士力（Charles Gutzlaff，又譯郭實臘）的妻子溫施娣（Mary Wanstall）在澳門開辦女子讀書班，是中國女子教育的先端。
道光 24 年 1844 年	英國傳教士瑪莉•安•艾德西（Mary Ann Aldersey）女士，在寧波設立了中國第一所女校，重視女紅及刺繡。
同治 9 年 1870 年	美國傳教士海倫（Helen VanD oren）在廈門開辦女子小學，並反對女子纏足。
光緒 16 年 1890 年	美國傳教士林樂知（Young John Allen）在上海創辦中西女塾，由海淑德（Laura Haygood）女士主持校政。
光緒 18 年 1892 年	鄭觀應發表《女教》，敘述中國古代女子教育的歷史，提出中國教育應學習西方的男女並重，並增設女塾。
光緒 23 年 1897 年	梁啓超先生受傳教士影響，在《時務報》發表「變法通譯」，力興女學。
光緒 28 年 1902 年	吳懷疚在上海辦「務本女學」；蔡元培在上海辦「愛國女校」。

時期	發展重點
光緒 29 年 1903 年	清廷頒布「奏定學堂章程」，規定女學內容應以孝經、四書、列女傳、女誡、女訓及教女遺規等爲主。爲最早由政府明文規定的女學內容。
光緒 32 年 1906 年	將女子教育正式納入國家教育體制。

（三）清末至政府遷臺

醞釀期

1844 ～ 1902 年，西方傳教士在中國發展女子教育，加上國內有識之士提倡，女子教育漸受重視。

萌芽期

1903 ～ 1918 年（民國 7 年），女子教育仍偏重「賢妻良母之養成」，大多重視女紅、家事等科目，家政教育主要模仿日本。

轉變期

民國 8 ～ 22 年，首先民國 8 年，北京女子高等師範學校設立家事科，是最早設立家政系的學校；民國 15 年，燕京大學設立家政系；民國 20 年，河北女子師範學院設立家政系；民國 21 年，福建華南女子大學設立家政學系。教育部認定家政學的重要，規定所有中學女生均需上家政課，家政教育由模仿日本轉爲模仿歐美。

建置期

民國 23 ～ 38 年，民國 23 年，教育部將職業學校分爲農、工、商、家事及其他等五類，並訂定課程表、教材大綱及設備概要，確立了家事職業學校的地位。

（四）臺灣家政教育的發展

1. 臺灣中等學校家政教育的發展：

(1) 培養學生具備家政群共同核心能力，並爲相關專業領域之學習或高一層級專業知能之進修奠定基礎。

(2) 培養健全家政相關產業之實用技術人才，能擔任與家政領域相關之工作。

時期	發展重點
蓬勃發展期 民國 39 ～ 91 年	民國 39 年，教育部著手修定職業學校課程標準，家事類科強調技能與理論並重，由於經濟快速發展，職業教育跟著蓬勃起來。 民國 57 年，九年國教實施，國、高中的「家事」課程改爲「家政」課程，男女均需修習。 民國 62 年，家事科奉准分科，因應社會的需要，分爲：綜合家政、幼兒保育、服裝縫製、美容、食品營養、室內佈置及衛生教育等科，著重家政職業人員的培育。 民國 76 年，社會快速發展，市場急需專才，教育部將家事職業學校修改科別及名稱爲：家政、幼兒保育、美容、服裝、食品及室內佈置等六科。
轉型期 民國 92 ～迄今	民國 92 年，國民中小學九年一貫課程實施，「家政」一詞走入歷史，主要融入「綜合活動領域」、「重大議題中的家政教育」中呈現，民國 94 年，教育部公布「職業學校群科課程暫行綱要」將高職課程由「科別」整併爲「群科」，家事類分爲食品群、家政群及餐旅群；家政群包括家政、服裝、美容、幼保等四科，增設群核心課程，95 年實施；接著規劃「職業學校群科 97 年課程綱要」，家政群增設時尚模特兒科。落實家政廣域生涯發展，給予學生更大的學習空間，也給予學校較大的特色發展彈性。

2. 臺灣高等教育家政的發展：早期家政教育著重在訓練家務工作的操持及女紅，隨著時代變遷，家政教育的內容更廣泛，各校爲發展特色，紛紛更名如下：

時期	發展重點	沿革
民國 42 年 1953 年	省立臺灣師範大學（現爲國立臺灣師範大學）第一個設立「家政系」。	民國 55 年更名爲「家政教育學系」。 民國 91 年更名爲「人類發展與家庭學系」。

時期	發展重點	沿革
民國 47 年 1958 年	私立實踐家政專科學校（現爲實踐大學）首先設立「家政科」，爲二年制專科，招收高中畢業生。	民國 49 年改爲三年制專科學校。 民國 80 年改制爲學院，家政科更名爲「生活應用科學系」。
民國 51 年 1962 年	私立中國文化大學首創「家政研究所」。	民國 83 年更名爲「生活應用科學研究所」。
民國 52 年 1963 年	私立中國文化大學設「家政學系」。	民國 84 年改名爲「生活應用科學系」。
	私立輔仁大學設「家政營養學系」。	民國 75 年改名爲「生活應用科學系」。 民國 87 年調整分爲「餐飲管理組」、「兒童與家庭組」。 民國 91 年此兩組正式成系。
民國 54 年 1965 年	私立臺南家政專科學校（現爲私立臺南應用科技大學）設立「家政科」，爲五年制專科，招收國中畢業生。	民國 92 年增設「生活應用科學研究所」。民國 93 年更名爲「生活科學系」。民國 98 年更名爲「生活服務產業系」。
民國 69 年 1980 年	國立屏東農業專科學校（現爲國立屏東科技大學）設立農業經濟科家政組。	民國 80 年改制爲技術學院，獨立設「家政技術系」。 民國 86 年改制爲屏東科技大學時，更名爲「生活應用科學技術系」。 民國 90 年獨立爲「服飾科學管理系」。 民國 98 年再更名爲「時尚設計與管理系」。
民國 71 年 1982 年	國立臺灣師範大學成立「家政教育研究所」。	民國 91 年更名爲「人類發展與家庭學系研究所」。
民國 82 年 1993 年	國立空中大學設立「生活科學系」。	民國 95 年增設「生命事業管理科」，並成立「健康家庭研究中心」。

時期	發展重點	沿革
民國 85 年 1996 年	國立臺灣師範大學首創「家政教育及幼兒教育領域之博士課程」。	民國 91 年更名爲「人類發展與家庭學系博士班」。
民國 92 年 2003 年	家庭教育法公布，其範圍包括親職教育、子職教育、性別教育、婚姻教育、倫理教育、家庭資源與管理教育和其他家庭教育事項，且高中以下學校每學年應在正式課程外實施四小時以上家庭教育課程及活動，並應會同家長會辦理親職教育。	
民國 102 年 2013 年	家庭教育法修正公布，增列失親教育。	

二、歐美國家家政教育的沿革

歐洲的家政教育發展較早，始於 19 世紀中葉的德國，其次是瑞士、瑞典、丹麥、英國。

美國起步較晚，在 19 世紀末才出現，但美國推廣很快，在各大學設立家政相關系所，使得理家的事務成爲大學課程發展的專門學問，且授予各級學位，雖然家政教育在美國發展至今僅僅一百多年歷史，但使家政科學高度發展，家政職業範圍廣泛，家政人才備受社會重視，美國居功厥偉。

時期	發展重點
1798 年	波士頓小學開設針線課程
1821 年	威爾賴特女士（EmmaWillard）在紐約州設立特洛伊女子學院（TroyFemaleSeminary），爲婦女理家工作做準備。
1833 年	俄亥俄州的奧勃倫學院（Oberlin College）最先招收女生，開美國男女合校的先聲。
1840 年	皮契爾女士（Catherine Beecher）撰寫一篇家庭經濟論。
1869 年	愛荷華州立學院（IowaStateCollege）擬定「HolyokePlan」，規定所有女學生每日須在教師指導下，在廚房、麵包房或餐廳工作兩小時。

時期	發展重點
1872 年	愛荷華州立學院開講理家課程。
1873 年	堪薩斯州立農學院開設縫紉課程
1874 年	伊利諾大學（University of Illinois）開設家政文理學院。
1876 年	紐約烹調學校開辦，校長爲寇松（JulietCorson）。
1877 年	亨庭頓女士在紐約試辦廚房花園，教授兒庭家事藝術。
1879 年	波士頓婦女教育協會開辦烹飪學校。
1883 年	波士頓職業學校開始教烹飪。
1890 年	美國有四所大學成立家政學系：愛荷華大學（University of Iowa）、堪薩斯大學（University of Kansas）、奧立岡大學（University of Oregon）、南達科塔大學（University of SouthDakota）。
1899 年	柏拉塞特湖的家政會議確立「家政」（Home Economics）一詞。
1908 年	美國家政學會在華盛頓成立，李察士夫人爲第一屆會長。
1915 年	美國農業部家政科成立。
1917 年	美國國會通過「高中階段的職業教育法案」，創辦職業教育。
1924 年	美國家政聯合會定義：「家政學應包括一切有關家庭生活的安適與效率的問題，其重點在有關應用科學與藝術等，來解決理家及其相關問題的綜合學科」。
1964 年	有 406 所大學開設家政學系。
1967 年	大學家政學會分會有 425 個。
1968 年	美國家政學者克里謨（W.Clement Stone）：「家政是研究人類的全體存在、其切身環境及人類與環境間的交互作用。」另外，職業教育法修正案中，將傳統家事方案改爲消費的家事教育，強調生活素質的改善、雙重角色及消費教育。
1976 年	美國的職業教育修正案，在家政教育方面強調消除「性別角色的刻板印象」。
1980 年	爲因應社會的變遷，美國家政教育紛紛更名爲「人類發展學系」等。

時期	發展重點
1984 年	「柏金斯職業教育法案」（CarlD. Perkins Vocational Education Act of 1984）通過，民眾可以從職業再教育課程中學得有關家政或其他就業或轉業所需的技能，使經濟有困難的人得以「脫貧」改善生活。強調職業教育與一般教育的交流與銜接，對家政技職教育的發展方向有顯著性的影響。

三、日本家政教育的沿革

日本的家政教育發展於 19 世紀中葉，1853 年前，日本在德川幕府統治下，有漢學研究家著書論治家之道，如石田梅嚴的「齊家論」提倡節約爲修身齊家之本；頓宮唉月的治家格言「家內用心集」，提出家庭內的倫理道德原則；貝原益軒的「家道訓」論述家庭道德及消費經濟，家庭中父權最大，決定家中一切大小事務。

1853 年後，隨者日本門戶打開，歐美的家政教育思想傳入，將日本家政教育推進一步，但目的只是培養女性成爲賢妻良母，學習家事技能，建立美滿家庭。1945 年第二次世界大戰後，日本文部省將民主思想列入家政教育內容，以改革家庭成員的觀念及家庭生活方式。並將「家事科」改爲「家庭科」，規定男女學生共同必修。

四、目前家政教育的發展

家政教育發展的歷程至今著重在「學習型家庭教育」，期望將家政教育永續經營及終身學習，發展趨勢如下：

1. 人員專業化：推動家政教育專業人員「專業化」認證，如：技能檢定。
2. 對象多元化：社會型態轉變，加上「新移民」家庭增加，家庭型態日趨多元，家庭中的一切事務應由全家人共同分擔，不分性別、年齡、對象，都應接受家政教育。

3. 內容實用化：家政教育由技藝的學習，擴展爲有關家庭事務中，理論與實務應用的實用科學，旨在培養健康的個人，學習適應環境的能力，解決生活中各項事務，享受美滿的生活。

4. 關心環保議題：現今環保議題是全世界最急迫的問題，也是造成全球暖化最重要的一環，每個家庭都應負起教育家人關心環境問題，珍惜資源，才能使世界更美好（圖 1-3）。

圖 1-3　近年來環保意識高漲，人們逐漸重視環保問題，興起各種愛護環境活動，如：海邊淨灘（圖：花蓮縣政府 2016 愛戀七星潭健走淨灘活動）

5. 重視聰明消費：隨著網路普及，行銷及產品多元化，但家庭收入有限，如何消費直接影響家庭經濟，利用多元的購買管道，達到理性且最佳的消費目的，乃是家政教育重要的一環。

6. 強調物質生活與精神生活並重：除了物質生活的滿足，心靈上的提升，更能夠增加幸福感，兼顧生活及休閒，對生命有正確的觀念與認知，使身心均衡發展。

第三節　家政職業的發展

家政是一門生活的學科，舉凡和食、衣、住、行、育、樂相關的行業，都包含在內（圖 1-4），勞委會職訓局更開設許多相關的技術士檢定項目，若能依照自己的興趣，並且考取相關證照，爲將來的職業作準備，將工作與興趣做結合，開創美好的人生。

圖 1-4　廚師、老人照護、保母、彩妝師、家事經理等，都屬於家政相關行業

一、家政相關行業的介紹

由食、衣、住、行的各層面，可大略分爲餐飲類、幼兒保育類、服飾類、老人照護類、居住類、家庭服務類、美容類、教育類與其他類共九類：

相關行業分類	相關職業內容
餐飲類	中西餐、膳食營養、調酒、餐飲服務與管理、食品加工、烘焙糕餅、網路行銷食品。
服飾類	服裝製作、服裝設計、服飾或相關材料行銷、電繡、手工藝、網路行銷服飾。
居住類	室內佈置設計、庭園設計。

美容類	美容、美髮、美甲、美體、造型設計、新娘秘書、婚禮顧問公司、芳療。
嬰幼兒保育類	保母、嬰幼兒保育、教保、嬰幼兒圖書撰寫、嬰幼兒教具、玩具設計。
老人照護類	老人照護、老人生活規劃、老人活動設計。
家庭服務類	家事經理、婚姻諮商、家庭理財、家政推廣、家庭教育。
教育類	家政科相關師資，在國、高中爲家政教師，在高職可任家政科教師、服裝科教師、餐飲科教師、食品加工科教師、幼兒保育科教師、美容美髮科教師、室內佈置科教師等，在大專以上可任相關領域之教師。
其他	家庭諮詢。

二、家政群相關職業檢定介紹

爲落實職業技能的養成，勞動部開設許多相關的技術士檢定項目，若能通過檢定取得證照，不僅是對自我能力的肯定，亦是未來升學與就業的加分點。家政群科相關職業檢定如下：

科別	相關技術士技能檢定項目
家政科	中餐烹調、西餐烹調、烘焙食品、中式米食加工、中式麵食加工、飲料調製、女裝、電繡、照顧服務員（需年滿 18 歲）、保母（需年滿 20 歲）、家庭教育專業人員認證。
服裝科 / 流行服飾科	女裝、國服、電繡。
幼兒保育科	照顧服務員（需年滿 18 歲）、保母（需年滿 20 歲）。
美容美髮科 / 時尚造型科	美容、女子美髮、男子理髮。
時尚模特兒科	美容、女子美髮。

重點摘要

1-1 家政的意義與範圍

1. 家政一詞源自西元 1899 年，在紐約柏拉塞特湖（LakePlacid）舉行的第一次家政會議中，議定以「Home　Economics」代表家政。Home 是家，是人類出生後首先接觸的單位，也是人類成長、人格養成最重要的場所，而家庭是人類社會的基本組織；Economics 為經濟學之意，並有管理的意涵。
2. 西元 1908 年 12 月 31 日美國家政學會（AHEA）成立，由李察士夫人（EllenSwallowRichards）當選為第一任會長。
3. 家政依學習性質分類可分成：食物與營養、織物與服裝、環境與居住、禮儀與美姿、育兒、性別與婚姻、家人關係、家庭生活、家庭經濟、高齡者照顧、家庭工藝、家政教育。
4. 家政學依教育目的分類可分為：職業教育、生活教育、全民教育、終身教育。

1-2 家政的沿革

1. 西元 1899 年，美國一群熱愛家政的學者，在紐約柏拉塞特湖舉行第一次家政會議中，議定 Home Economics 此專有名詞來代表家政。
2. 西元 1908 年 12 月 31 日美國家政學會（AHEA），在華盛頓成立，李察士夫人當選為第一任會長。
3. 家政依教育性質分為：生活教育、職業教育、全民教育、終身教育。

4. 漢朝班昭著《女誡》一書，成為女子教育的典範。

5. 六朝顏之推寫《顏氏家訓》，成為當時治家重要典籍。

6. 朱柏盧所著《朱子家訓》（朱柏廬治家格言），為清朝重要治家典範。

7. 道光 24 年，英國傳教士瑪莉安艾德西（Mary Ann Aldersey）女士，在寧波設立了我國第一所女校，重視女紅及刺繡。

8. 光緒 29 年（西元 1903 年）清廷頒布「奏定學堂章程」，規定女學內容應以孝經、四書、列女傳、女誡、女訓及女遺規等為主。為最早由政府明文規定的女學內容。

9. 光緒 32 年（西元 1906 年）將女子教育正式納入國家教育體制。

10. 光緒 33 年（西元 1907 年）清廷頒布「女子學堂章程」，宗旨為養成女子之德操，設有「女紅」一科以傳授有關家政的知識技能，由政府首次公布家政課程內容。

11. 民國 8 年，北京女子高等師範學校，設立家事科，是最早設立家政系的學校。

12. 民國 57 年，九年國教實施，國、高中的「家事」課程改為「家政」課程，男女均需修習。

13. 民國 42 年，當時省立臺灣師範大學（現為國立臺灣師範大學）第一個設立「家政系」。

14. 民國 51 年，私立中國文化大學首創「家政研究所」。

15. 民國 92 年，家庭教育法公布，其範圍包括親職教育、子職教育、性別教育、婚姻教育、倫理教育、家庭資源與管理教育和其他家庭教育事項，且高中以下學校每學年應在正式課程外實施 4 小時以上家庭教育課程及活動，並應會同家長會辦理親職教育。

16. 民國 102 年家庭教育法修正公布，增列失親教育。

17. 歐洲的家政教育發展較先，始於 19 世紀中葉的德國，其次是瑞士、瑞典、丹麥、英國。美國雖然起步較晚，在 19 世紀末，但推廣很快，在各大學設立家政相關系所。

18. 目前家政教育的發展：人員專業化、對象多元化、內容實用化、關心環保議題、重視聰明消費、物質精神並重。

請沿虛線撕下

課後評量

範圍：第一章

班級：＿＿＿＿＿　座號：＿＿＿　姓名：＿＿＿＿＿

評分欄

一、選擇題（每題 3 分）

(　　) 1. 女子教育偏重「賢妻良母之養成」是在哪一時期？ (A) 醞釀期 (B) 萌芽期 (C) 轉變期 (D) 建置期。

(　　) 2. 我國大學家政系最早設立於何時？ (A) 民國 8 年 (B) 光緒 33 年 (C) 民國 14 年 (D) 光緒 29 年。

(　　) 3. 「女論語」一書的作者是？ (A) 艾德西女士 (B) 李察士女士 (C) 宋若昭女士 (D) 皮契爾女士。

(　　) 4. 美國在哪一年的職業教育修正法，在家政教育方面強調消除性別角色刻板印象？ (A) 西元 1917 年 (B) 西元 1976 年 (C) 西元 1945 年 (D) 西元 1967 年

(　　) 5. 照顧服務員證照需年滿幾歲才可報考？ (A)18 歲 (B)19 歲 (C)20 歲 (D)22 歲。

(　　) 6. 下列何者爲人類社會中最基本的組織？ (A) 家庭 (B) 學校 (C) 個人 (D) 社團。

(　　) 7. 「家政」一詞於西元哪一年成立？ (A)1889 年 (B)1899 年 (C)1919 年 (D)1909 年。

(　　) 8. 臺灣第一所家政研究所是哪一年成立？ (A) 民國 42 年 (B) 民國 46 年 (C) 民國 51 年 (D) 民國 71 年。

(　　) 9. 在家政的範疇中，食品安全與衛生應屬哪一類？ (A) 家庭管理 (B) 消費經濟 (C) 膳食製備 (D) 幼兒教保。

(　　) 10. 下列哪一種職業非關家政領域？ (A) 家事管理 (B) 醫療業 (C) 幼教類 (D) 美容美髮。

(　　) 11. 下列哪一所大學率先成立家政系？ (A) 中國文化大學 (B) 燕京大學 (C) 臺灣師範大學 (D) 北京女子高等師範學校。

(　　) 12. 保母證照需年滿幾歲才可報考？ (A)18 歲 (B)19 歲 (C)20 歲 (D)22 歲。

(　　) 13. 「女紅」一科是政府公布家政課程的起源，時間是在清朝何時？ (A) 光緒二十八年 (B) 光緒二十九年 (C) 光緒三十二年 (D) 光緒三十三年。

(　　) 14. 「家政」是由 Home Economics 翻譯而來，Economics 之意是指？ (A) 專指屋簷下的住屋 (B) 單指金錢的經濟 (C) 含金錢、精力與時間上的經濟 (D) 專指家人關係。

(　　) 15. 下列何者不是未來家政教育的發展趨勢？ (A) 課程內容實用化 (B) 教育對象仍以女性爲主 (C) 注重消費教育 (D) 強調物質生活與精神生活並重。

(　　) 16. 下列關於家政教育沿革的敘述，何者錯誤？ (A) 西元 1830 年德國傳教士郭士力之妻在澳門開辦女子讀書班，是開創中國女子教育的先端 (B) 西元 1844 年英國傳教士艾德西（Aldersey）在寧波設立我國第 1 所女校 (C) 西元 1912 年美國家政學會認爲，家政應包含經濟、衛生、食、衣、住等範疇 (D) 西元 1934 年美國家政學會認爲，家政應是與解決理家問題有關綜合科學。

(　　) 17. 今日家政教育是指下列哪一種教育？ (A) 專指年輕女性接受的新娘教育 (B) 遙不可及的理想化教育 (C) 爲提升生活品質的生活教育 (D) 專指烹飪、手工藝等技藝訓練。

請沿虛線撕下

(　　) 18. 民國九十四年二月，教育部公布「職業學校群科課程暫行綱要」，家政群包括哪些科別？ 1 家政科、2 服裝科、3 美容科、4 餐飲科、5 幼保科　(A)1234　(B)1345　(C)2345　(D)1235。

(　　) 19. 民國五十七年八月以後，臺灣地區隨著國民義務教育的實施，教育水準日漸提高，因爲哪一個課程的修訂改變，促使國民中學及高級中學各校男、女生均可修習家庭生活知能的課程？(A)「家政」改爲「家事」　(B)「家事」改爲「家政」　(C)「家職」改爲「家政」　(D)「家政」改爲「家職」。

(　　) 20. 不論男女老少都是家庭的一份子，顯示家政的何種學習方向？(A) 生活教育　(B) 全民教育　(C) 職業教育　(D) 終身教育。

二、填充題（每格 4 分）

1. 美國家政學會第一屆會長是__________。
2. 將女子教育正式納入國家教育體制在西元__________。
3. 依家庭教育法的規定，高級中等以下學校，每學年需提供至少________小時家庭教育課程。
4. 家政依教育性質可分爲四種：__________、職業教育、__________、終身教育。

三、簡答題（20 分）

1. 目前家政教育的發展趨勢有哪些，請寫出至少五個？

2

Chapter

家庭生活管理與環保

1. 認識環境與瞭解保護環境的重要
2. 明瞭優良家庭生活環境的特點
3. 學習珍愛資源並落實家庭環保工作
4. 居家安全的管理工作
5. 明瞭家政職場相關之環保工作

家庭是人類最早、最基本的組織，隨著人類文明發展，生活環境及家庭所接觸的事務日趨複雜，傳統單純的「理家」觀念及技巧已不敷應用。現代的家庭生活管理即是運用管理的技巧、人性化的意念，以及有效的方法和資源，來維護家人生命財產安全，建立良好生活環境，改善家庭生活，達成家庭幸福及生活目標。

我們的環境在短短的幾十年間，遭受迅速的破壞，家庭及特定產業的廢水流入河川造成汙染，山坡水土保持不良造成土石流，土壤遭到重金屬的汙染，車輛廢氣和工業排放造成空氣汙染、全球暖化溫室效應等。我們只有一個地球，舉手做環保，就從現在開始。

第一節　家庭生活環境的認識與選擇

「家」不僅僅是擋風遮雨的地方，世界衛生組織（WHO）在 1961 年曾就居住環境提出了四個基本理念：安全、健康、便利和舒適。近年來，人與生活環境的關係也愈來愈多元，過去關於居住環境的四個理念已不敷使用，一個良好的居住環境條件尚需要參考交通時間、自然資源、公共建設、生活秩序、人文條件等多項指標。

一、理想的居住環境

理想的居住環境應符合以下需求：

（一）符合安全與健康的需求

1. 選擇安全的基地，避免地層下陷潛勢區、順向坡、土石鬆軟的河川地、懸崖邊、低窪地區等。

2. 避免危險的建材，如：輻射屋、海砂屋等。

3. 選擇陽光充足、空氣清新、環境乾燥、水源充裕又衛生的地點。

4. 安全的社會生活秩序。

5. 沒有噪音干擾，居住地須遠離工廠、娛樂場所、有噪音的營業場所等。

（二）符合便利與舒適的需求

1. 有足夠的空間：配合家人各項需求，平均每人室內面積要大於 5.6 坪爲佳（1 坪≒ 3.3 平方公尺）。

2. 良好的生活圈：住宅附近需有商店、通信、金融、醫療、學校等設置。

3. 便利的交通網：交通便利是良好生活機能重要指標之一，可使家人很方便地從事各項活動如上班、上課、醫療、休閒等。

4. 完善的公共建設及設施：居住環境內要有公園綠地、警察局、消防隊、醫院。

5. 豐富的人文條件：遠親不如近鄰，社區居民的素質好壞影響整體社區的發展，社區居民需有高度的公德心，守望相助的精神。

（三）符合家庭成員的需求

居住環境需考量家庭人口數、年齡、工作地、經濟條件、家人需求環境、家庭生活目標及未來發展等。

1. 衡量居住空間：應依家人的年齡規劃合宜的空間安排，例如：小孩在兒童時期需要遊戲的空間，青少年時期則需要個人的臥室。

2. 衡量家庭經濟：臺灣的房價因地點不同，差異甚大，需在家庭經濟能負擔的情況下購屋或租屋，才能維持家庭生活水準與品質。

（四）可參考的指標

我國基於經濟合作發展組織（OECD）的美好生活指數居住領域，建立了許多客觀、主觀的在地性指標，人民能至行政院主計處查詢臺灣各縣市對應的數值，來選擇最適合的居住地點。

1. 平均每人居住坪數：爲衡量每人享有的整體空間大小，若太小則隱含著居住不適或空間過度壓迫。
2. 房價所得比：爲房屋總價爲家庭所得的倍數關係，代表每戶家庭需花費多少年的所得才能購買一戶住宅。
3. 房租所得比：平均每戶家庭實付房租占總所得的比率。
4. 居住房屋滿意度：藉由當地民眾主觀的角度，來了解實際居住地點與期待上的落差。
5. 住宅周邊環境滿意度：藉由當地民眾主觀的角度，來了解對於住宅週邊環境滿意的比率。

二、住宅的選購

購買住宅可說是人生一件大事，必須謹愼爲之，切勿衝動。購屋的方式可分爲購買成屋或預售屋兩種。

（一）購買成屋

成屋是指建商已經蓋好後才出售的房屋，前往參觀時直接可以看到實體房屋，購買後短期內便可入住，購買時的注意事項如下：

1. 實地查看：瞭解房屋所在地的生活機能，查看屋況、屋齡、房屋結構、管理方式，鄰居素質等，最好白天、晚上、晴天、雨天都要看，才能充分瞭解住家環境及房屋狀況。

2. 認清產權：產權和建物的門號是否一致，坪數是否和登記的一致，可要求調閱簽約前 12 小時的土地建物謄本。

3. 要求安全證明：請建商或屋主提供無輻射鋼筋及海砂屋的檢測證明。

4. 簽訂契約：詳細審閱買賣契約，對雙方所談定的內容都須一一列出，包括坪數、設備、付款方式、交屋日期等，注意簽約人是否爲所有權人。通常契稅由買方支付，土地增値稅、房屋稅、地價稅由賣方支付，代書費由雙方共同支付，詳細內容也應在契約上明訂。

5. 付款及貸款：由於買屋金額龐大，大多數的人通常選擇向銀行貸款，政府不時會推出新政策，若能掌握時機，注意各項買屋優惠貸款方案，選擇利率較低的貸款，就能減省許多費用。

（二）購買預售屋

預售屋是指建商還未開始建蓋便已出售的房屋，前往參觀時只能看到樣品屋，通常價格會較成屋便宜一些，需要考量的要素如下：

1. 選擇信譽良好建商：因房子尚未完工，風險較大，故應選擇優良建商，並持有合法建築執照者，且要瞭解建材的使用。

2. 簽訂預售屋買賣的定型化契約：以往有不肖建商將遮雨棚、屋簷等虛灌入房屋實際坪數中，內政部於民國 100 年 5 月 1 日實施新制，預售屋買賣定型化契約將保障消費者的權益不受損。消費者在購屋時要特別注意坪數是否實在，分期付款方式也應在契約中載明，其餘開工、完工及交屋時間亦在契約中明定。

3. 規劃室內空間：由於是預售屋，通常可和建商討論格局問題，可依家人需求規劃合適的室內空間。

4. 監督施工品質：隨時注意施工情形，並和簽訂契約一一對照，若有施工不良或不依契約使用建材等事項，應立即提出意見，並要求改正。

第二節　家庭生活環境的安全與管理

家是人們永遠的避風港，也是舒緩壓力的最佳場所，但有時太放鬆的結果，往往導致意外的發生。瞭解家庭意外事故發生的原因，找出解決之道，藉由良好的管理，打造一個安全舒適的家。

一、家庭生活環境安全的重要性

1. 確保家人的健康與安全。
2. 確保家庭的財產與設備。
3. 避免家庭經濟陷入危機。
4. 避免增加社會成本負擔。

二、造成家庭意外災害的因素

造成家庭意外災害的因素可分爲人爲與環境兩項因素：

人為因素		環境因素	
常識不足	對家中電器用品或設施的使用知識不足，導致使用不當引起的意外。	擺設不當	家具和電器擺設過滿，造成行動空間變小，容易絆倒、撞傷；瓦斯熱水器裝設位置不佳，易造成一氧化碳中毒。
不良習慣	不擅打掃、沒有物歸原處，做事粗心大意，如：丟擲火柴殘燼於廢物筒中，將洗滌劑、食品、藥品亂放一起等，都容易產生意外。	光線不足	照明不足會影響視覺，十分容易造成意外。

人為因素		環境因素	
身心疾病	當身體生病、精神不濟、老年、憂傷、勞累、衰弱、情緒不穩定的時候，常會導致意外事故。	設施損壞	住宅待修未修之處或電線老舊等。
其他	睡眠不足、酗酒等精神恍惚所造成的意外。	天災	如颱風、地震等意外災害。

三、家庭常見意外災害的地點

(一) 廚房

家庭中最危險的地方，此處發生的意外約占家庭意外事故的 20%，因爲廚房中大多數的設備都有火或電，如：瓦斯爐、烤箱、電鍋，以及地面溼滑、油漬或刀具等都具有危險性，所以廚房內容易發生燙傷、跌傷、窒息和刀傷等意外事故。

(二) 客廳與餐廳

發生跌倒和燙傷第二名的地方。原因通常爲動線設置不佳、不順暢，家具擺設不妥當、地面太光滑、沒有妥善收納電器設備和電線，餐桌上垂下的桌布等等，都會引起意外事故。

(三) 浴室

最容易發生滑倒事故的場所。常因地板潮溼、吹風機使用不當、插頭與電器絕緣不佳，清潔用品擺置不當，所引起的跌倒、觸電、中毒等意外事故。

（四）庭院

整理花木之工具、殺蟲劑等，因任意擺置或使用過當引起跌傷或中毒。

（五）臥室

當臥室內擺設及雜物過多，使用過多延長線，椅子、衣櫃使用後未歸位，在床上吸菸或菸蒂未熄滅，導致砸傷、跌倒、電線走火、引發火災等。

（六）室內樓梯

樓梯光線不足、扶手不牢、扶手間隙過大、梯面太窄或堆積雜物，易發生滑倒甚至跌落。

四、家庭環境安全的維護

保持環境的整潔與乾燥是第一要件，其實是要正確用電、注意瓦斯及熱管的配置、注意藥品的放置、燒燙傷與滑倒跌傷的防治，並要注意意外發生時，家庭的消防與逃生設施是否完善。

（一）保持環境的整潔與乾燥

居家內外經常打掃，杜絕病媒蚊孳生，阻絕疾病傳染途徑。室內陳設宜簡潔方便，用畢之物應物歸原處，避免物品隨意堆放，阻絕空氣及逃生路線。避免因地面溼滑造成滑倒跌傷，尤其是浴室、廚房應隨時保持乾燥，若是家中有幼童及老人，應立即處理地面溼滑的情形。

（二）注意用電安全

1. 選用驗證合格且有節能標章的電器用品。
2. 電器用品大小適中，符合家人及家中空間設置。
3. 經常清潔及維護家電，修理電器前應關閉電源。

4. 電器的擺設位置妥當。
5. 用電量高的電器（如：微波爐和電烤爐）勿同時使用同一插座，避免線路過載。
6. 儘量避免使用延長線，不得已使用時勿一次多插，亦不可放置在地毯下或走道上。
7. 關閉電器電源時，應同時將插頭拔除，拔除插頭時應於插頭施力，勿拉扯電線以免造成內部銅線斷裂（圖 2-1）。

圖 2-1　拔除插頭時應於插頭施力。

8. 嚴禁使用鐵線、銅線等替代保險絲。
9. 不以潮溼的手及皮膚碰觸電源，也避免在潮溼的浴室使用吹風機或其他電器。
10. 電器故障或電線缺損時，不可繼續使用，應立即修繕。
11. 使用電器時勿將電線摺疊綑綁，可能使電線部分折斷，造成接觸不良或產生高熱，這種高溫容易引起電線溶解進而短路，引發電線走火。
12. 確認家裡的配電器或所購買的延長線有電流過載保護機制。

（三）瓦斯及熱水器的配置

1. 定期檢查瓦斯管線是否有老舊、破損、脫落情形。使用肥皂水檢驗瓦斯管線及開關是否漏氣，若是瓦斯有漏氣情形，如果可以應立即關閉開關；若不行，避免開關電源及窗戶，以免產生火花引起危險，並立即通知瓦斯公司檢修。

2. 瓦斯桶的位置須避免陽光直射，且通風良好，周圍溫度不宜超過 35℃。

3. 瓦斯爐設置須距離牆面 20 公分以上。

4. 瓦斯爐燃燒火焰若爲藍色則屬正常，若是紅色表示燃燒不完全，須尋求專家修繕。

5. 瓦斯熱水器應設置於室外，安裝位置距離瓦斯桶 60 公分以上。

6. 熱水器應裝置在屋外下風處，防止因瓦斯燃燒不完全而產生一氧化碳，再經風吹入室內。

（四）注意藥品的放置

所有藥品的標示須清晰，注意保存期限，並依照藥品規定存放在適當處，切忌讓小孩拿到，必要時可上鎖，特別是需要存放在冰箱的藥品容易被誤拿，更應小心存放。

（五）燒燙傷防治

1. 放洗澡水時應先放冷水再放熱水，絕對避免將兒童單獨留在浴室。

2. 家中若有幼兒，裝有熱燙食物的碗盤切勿置於桌緣，且勿使用桌巾，以免幼兒拉扯，造成食物翻倒而燙傷。

3. 火柴、打火機要收在兒童拿不到之處。

4. 廚房工作切勿慌張，注意各種鍋具及廚房電器的正確使用方法。

5. 避免兒童到廚房嬉戲，並教導關於爐火及相關電器的危險性。

（六）滑倒、跌傷防治

1. 地面常保乾燥，若要打蠟則需稀薄。

2. 家具陳設簡單整齊，使空間寬敞

3. 走道勿堆放雜物，保持淨空，動線流暢。
4. 浴室及廚房地面使用防滑磚或鋪設防滑墊，若家中有老人，宜在適當處設置手扶欄杆。
5. 室內及公共空間光線照明須充足。
6. 不常使用的器具要收納妥當。
7. 高處取物須利用堅固的梯子。
8. 使用固定插頭，避免用延長線以免絆倒。

（七）消防及逃生

1. 裝置「煙熱感應器」之預警設備，可及早示警。
2. 高樓層房屋要設有「自動灑水器」。
3. 在適當處裝置滅火設施，並演練使用方法。
4. 預先擬定逃生路線。
5. 事先準備逃生物品。
6. 勿設置全罩式鐵窗，阻礙逃生。
7. 全家人定期舉辦逃生演練，若遇緊急情況，才能立即反應。
8. 視樓層高低，準備逃生緩降機。
9. 注意自家是否有防火巷，且有沒有堆積過多雜物。

五、意外災害的處理

（一）急救的步驟

1. 確認安全：勿輕易移動傷者，除非處危險處。

2. 確認傷患情形：

(1) 檢查傷者是否有意識、呼吸、脈搏、心跳。

(2) 檢查受傷處及出血情形。

3. 儘快求救：指定旁人協助市話撥打 119，手機撥打 112 求救電話。

4. 緊急急救處理：若心跳呼吸停止，需施行心肺復甦術（CPR），若有外出血情形，使用適當止血法。

5. 預防休克：將傷者置於安全且舒適的姿勢並注意保暖，勿給昏迷的傷者任何飲料。

6. 迅速送醫：急救僅是在正規醫療尚未到位時所作的緊急措施，仍須在第一時間將傷者送醫治療。

（二）各種事故的處理

1. 外傷：人體血液占體重的 8%，正常人體約有 4000 ～ 5000cc 的血液，若一次失血超過 15 ～ 20%（約 780cc）可能休克，超過 22.5 ～ 30%（約 1150cc）即有死亡之虞。一般外傷處理的步驟為：止血→清洗→消毒→包紮。

(1) 直接加壓止血法：是急救最常用的方法，首先讓傷者躺臥休息，墊高傷肢（骨折者除外），用敷料、消毒紗布或乾淨布塊直接遮蓋傷口，再用繃帶包紮或手掌施壓 5 ～ 10 分鐘，切勿太緊，以免影響肢體末端血液循環。如傷口有異物或斷骨凸出，則在傷口邊緣施壓。

(2) 升高止血法：將傷肢或受傷部位高舉過心臟 25 公分以上，以減緩血液流失速度。

(3) 冰敷止血法：一般冰敷時間以 20 分鐘為一單位，即冰敷 20 分鐘休息 20 分鐘，在受傷 48 ～ 72 小時內使用，可以和直接加壓或升高止血法一起使用。

(4) 強屈患肢止血法：僅適用於肘關節或膝關節以下的肢體，將棉墊或軟布置於肘窩或膝窩，再強屈其關節，並以繃帶緊縛之，每 20 分鐘要放鬆 15 秒。

(5) 止血帶止血法：此法有引起末梢神經麻痺和血流障礙，導致肢體壞死的危險，除非大量出血危及生命，否則不要輕易使用。利用止血帶和木棒，繫於傷口上端約 10 公分處紮綁，不可過緊或過鬆，每隔 15 至 20 分鐘要放鬆 15 秒。傷者額頭上註以「T」明顯標記，要註明止血帶使用時間，以供他人隨時注意。止血帶一定要暴露出，以免其他救護者忽略止血帶的存在，引起肢體壞死。

(6) 止血點止血法：出血量較多時則可用動脈壓點，在傷口上方的主動脈處暫時施壓，協助止血，需與直接加壓止血法合併使用，施壓時間為 5 ～ 10 分鐘，切勿超過 15 分鐘。

2. 中毒：

(1) 一氧化碳中毒：主因爲瓦斯燃燒不完全或汽車廢氣，將患者迅速搬移到安全地，保持空氣流通，若心跳呼吸正常，採取復甦姿勢，若無則施行 CPR，迅速送醫。

(2) 一般食物中毒：對中毒時間短且無明顯嘔吐者，可用手指或湯匙刺激舌根來催吐，再飲用大量溫開水，可實施二次催吐，以減少毒素吸收，若催吐物中有血液，應停止催吐，若中毒時間超過兩小時，但精神尚好，可導瀉促使有毒物質迅速排出體外，送醫時將剩餘食品、嘔吐物或排泄物供醫療人員參考。

(3) 強酸強鹼中毒：不可催吐，以免有毒物質造成二次傷害，也不能給予任何飲料企圖稀釋毒物，是無效的，若患者意識清楚，儘快問出所食物質及數量、時間給醫護人員參考，以採取最正確有效的施救方式。

3. 觸電：強烈電流通過人體中，一瞬間會造成休克或暴斃，身體也會產生局部灼傷。

(1) 切斷電源，若無法切斷電源，則用絕緣體推觸患者肢體離開電源。

(2) 患者如仍有呼吸心跳，則以復甦姿勢躺著。

(3) 患者若無呼吸心跳，則施以 CPR。

(4) 在患者恢復心跳、呼吸後，檢視並包紮電灼傷口。

(5) 迅速送醫。

4. 異物梗塞：異物哽住患者的呼吸道，導致無法說話、呼吸及咳嗽，此時患者會用一隻手抓住自己的喉嚨，這是呼吸道梗塞的通用手勢（哈姆立克信號）。

(1) 成人清醒時自救法：若無人相助時，須設法將橫膈膜下方處靠在桌緣或椅背上，或用拳頭進行哈氏急救法。

(2) 哈姆立克法：施救者站在患者後面，一手拳頭大拇指及食指側面對準患者劍突與肚臍中的腹部，另一手掌包住拳頭並握緊，快速向上方擠壓。

(3) 胸戳法：孕婦或體型龐大者無法使用哈姆立克法按壓到劍突與肚臍中的腹部時，改壓劍突以上。

5. 燒燙傷：家裡發生的燒、燙傷意外是以熱湯、熱茶、洗熱水澡、廚房燒燙傷最常見，最嚴重者是火災所引發的燒傷。

(1) 燒燙傷的急救方法：

沖　將燙傷處在流動的水中沖水 30 分鐘，直到傷口不熱不痛。

脫	在冷水中慢慢將衣物脫去，如有沾黏，請用剪刀將周圍衣物剪開，若有水泡，勿自行將水泡弄破。
泡	在冷水中連續泡 30 分鐘，將餘熱完全除去。
蓋	用乾淨的布或紗布、毛巾將傷口覆蓋。
送	儘速送醫治療。

(2) 燒燙傷的評估：成年人燒傷及燙傷嚴重程度可憑其傷處面積，運用「估計九乘法」（圖 2-2）計算，成人燒燙傷面積超過 30% 可能危及生命。

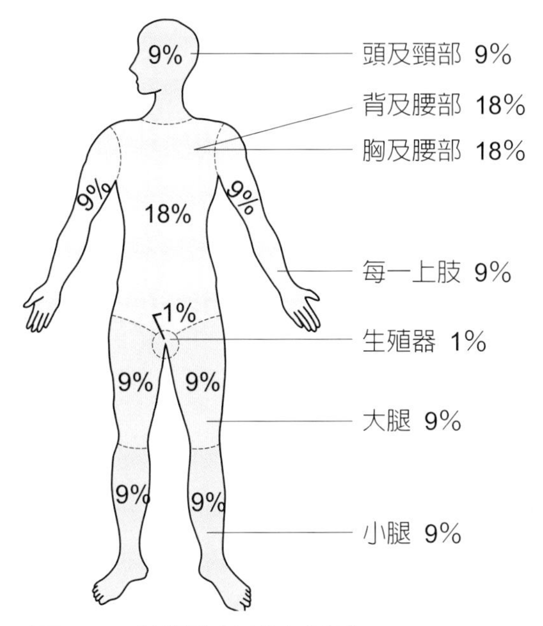

圖 2-2　燒燙傷估計九乘法。

6. 火災：火災是居家最危險且急迫的災難，從新聞媒體中時有所聞，因此，火災的預防及逃生是保障生命財產必備的知識。

(1) 電線老舊時需更換。

(2) 注意家中瓦斯、電器的正確使用方法。

(3) 起火的前三分鐘，是滅火的最佳時刻。

(4) 家中適當位置裝設滅火設備。

(5) 家庭定期舉行消防逃生演練。

(6) 若是油鍋起火，應立即用鍋蓋蓋上滅火，切忌用水或麵粉澆滅油鍋起火。

(7) 火災三大危機是濃煙、高溫及黑暗，逃生時要保持冷靜，趴低姿勢，避免吸入過多濃煙。

7. 地震：臺灣位於地震頻繁的環太平洋地震帶上，每年大大小小的地震次數繁多，以 1999 年 921 大地震那年來說，共發生 49,919 次地震，其中有感地震達 3,228 次，所以平時要做好防震措施，隨時注意地震動態，做好萬全準備。

(1) 平時固定家中高窄的櫃子，瓦斯電器等開關用畢即關，並拔下插頭。

(2) 地震發生當下，立即關閉火源，找適當掩蔽物。

(3) 平時做好逃生演練，切勿慌張。

第三節　家事工作簡化

現代人生活繁忙，雙薪家庭愈來愈多，如何在工作之餘亦能兼顧家事，則需適當運用家電設備及學習簡化工作的技巧，以達事半功倍之效。

一、工作簡化的意義

利用科學的方法及技巧，訂出計畫，找出能夠同時進行的工作，選擇最簡單且有效率的設備，採用最省時省力的步驟，使繁瑣的工作變得簡單以提高工作效率，以及減少物料、金錢等資源的浪費。

二、工作簡化四大要件

1. 速：節省時間，短時間內迅速完成工作。
2. 簡：節省精力，消耗最小的體力，輕鬆完成工作。
3. 實：提昇成果，採用科學的方法，提高工作成果與品質。
4. 儉：節省物料，減少材料、金錢等消耗。

三、家事工作簡化的方法

（一）擬定工作計畫

凡事「豫」則立，「不豫」則廢，將工作事先規劃好，按部就班進行，工作過程才會流暢有效率。

1. 家事適當分類：並非每件家事都是天天進行的，故先將家事依性質與時間分類與規劃。每個家庭的性質不同，以下分類僅作參考：

類型	食	衣	住	採購
每日	食物製備餐後清潔	一般衣物清洗	掃地、澆花收拾物品	蔬果早餐
每週	菜單設計廚房清理	外套衣物清洗整燙工作	拖地整理植物	魚肉類等食材雜貨
每月	冰箱整理	床單清洗	擦拭門窗	清潔用品等
每季	廚房大掃除	縫補汰舊	家具保養	衣物等

2. 人力妥善安排：依照家人年齡及能力安排家中可用人力，共同負擔家事工作，不但培養家人合作的態度，更能凝聚家人情感。

（二）安排工作程序

管理大師彼得．費迪南．杜拉克（Peter Ferdinand Drucker）說過：「時間是世界上最短缺的資源，除非善加管理，否則一事無成。」要想有效運用時間，首先要訂定計畫，將所要做的工作（家事）分類，同類型可一併完成，或同時進行兩件家務等，方法如下：

方法	內容	實例
組合	相同性質的工作一併完成	1. 食物前置備時，可將洋蔥同時切片、絲或丁，分裝後多次使用。 2. 同時置備晚餐和次日便當。
合併	相同類型的工作集中完成	1. 襪子需與衣物分開洗，可集中幾天一併洗。 2. 須整燙的衣物可一併整燙。
重疊	同時段做兩件以上工作	1. 煮菜時利用空檔整理廚房。 2. 洗澡時順便清洗浴室。

（三）保持正確的動作姿勢

1. 身體正確的工作姿勢：人體的頭、胸、臀是保持身體重心的三個點，工作時儘量將此三點呈一直線的狀態，較不易感到疲勞。
2. 配合雙手工作範圍（圖 2-3）：
   (1) 雙手正常工作範圍：手臂自然向水平或垂直伸展所畫出的弧線範圍內，最自然、省力。
   (2) 雙手最大工作範圍：手臂向水平或垂直直伸出去所畫出的弧線範圍內，此範圍較大、較吃力，但仍屬可接受的工作範圍。
   (3) 不良工作範圍：超出雙手最大工作範圍，須將身體延伸出去才能搆到的範圍，最吃力且容易造成身體肌肉拉傷，或導致疲勞。

（四）減少工作程序的方法

檢視生活中有那些可以使家事工作簡化又能達到效果的方法，例如：

1. 逢年過節所需的應景產品，如：粽子、湯圓、年糕等不須自己製備，直接購買成品。
2. 善用半成品節省製備時間，如：購買現成蛋餅皮、餃子皮再包入自製的餡料，或直接購買冷凍水餃烹煮；又如：購買現成的戚風蛋糕加上自製醬料及裝飾，亦可達到手工蛋糕的效果。
3. 將食材混合烹調，節省做菜時間且營養價值不變。
4. 大衣外套、床單、窗簾等較難在家中清洗、晾晒，可送洗。
5. 利用家事清潔服務公司定期做家庭掃除工作，平時的維護就較簡單。
6. 近年來科技發展快速，已有許多常做的家事能用機器協助完成，例如：掃地機器人、洗碗機、烘碗機等。
7. 養成定期防護的習慣，降低整潔的頻率。

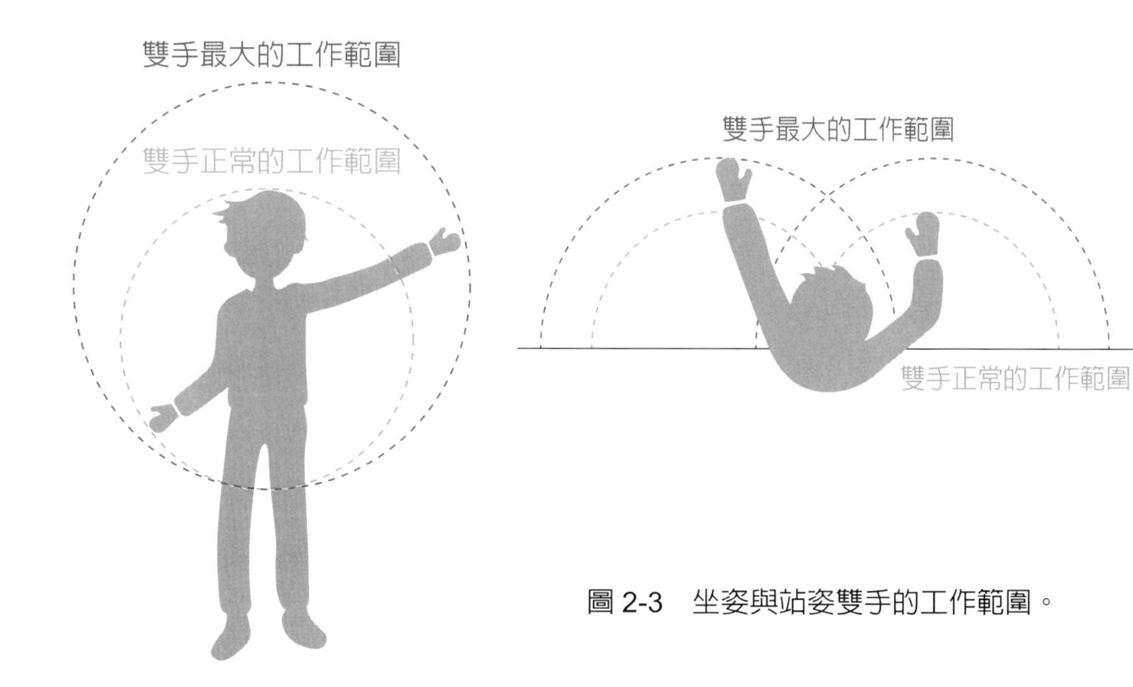

圖 2-3　坐姿與站姿雙手的工作範圍。

第四節　環保重要性與生態環境污染

近年來全球面臨嚴重的地球暖化、臭氧層破壞、水及空氣汙染、土壤沙漠化、生物多樣性減少等問題，自然資源正在快速耗竭，保護地球物種生存及製造大量氧氣的熱帶雨林，每年以一千萬公頃以上的速度消失。

有鑒於此，各國逐漸重視環保議題，其中「京都議定書」條約於 1997 年 12 月在日本京都通過，主要目標爲「將大氣中的『溫室氣體』含量穩定在一個適當的比例，進而防止劇烈的氣候改變對人類造成傷害。」並於 1998 年 3 月 16 日至 1999 年 3 月 15 日間開放簽字，共有 84 國簽署，條約於 2005 年 2 月 16 日開始強制生效。到 2009 年 2 月爲止，一共有 183 個國家通過該條約。

一、環保的意義

（一）保護自然生態

自然資源可分爲：

<table>
<tr><td rowspan="4">可再生資源</td><td colspan="2">使用後可更新的資源，但消耗量小於自然界的持續產量。</td></tr>
<tr><td>土地資源</td><td>農作物、樹林等。</td></tr>
<tr><td>氣候資源</td><td>氣溫、雨水、湖水、河水等。</td></tr>
<tr><td>生物資源</td><td>海洋及陸地的生物等。</td></tr>
<tr><td>不可再生資源</td><td colspan="2">使用後無法更新的資源。石油、各類礦物。</td></tr>
</table>

（二）防治汙染源

預防所有對環境造成破壞進而影響人類及生物健康的因素。包括空氣汙染、水汙染、土質汙染、噪音等等。

二、環保與人類健康

人類文明愈進步，科技愈發達，生活品質相對提高，相對也付出不小的代價，例如：蔬果要大要漂亮，農夫就必需下農藥、肥料，這些化學物質殘留在食物上或土壤裡，再由土壤汙染水源，當食物和水被人吸收，便會影響健康。

三、環保與自然生態

人類任意將有毒物質排放到自然界中，導致大自然中毒，毒素再反撲至人類身上，這種惡性循環最大的受害者就是「人」。譬如「環境荷爾蒙」，又稱爲「內分泌干擾素（Endocrine disrupter substance，簡稱EDS）」，這些有害物質經由空氣、水、土壤、食物等途徑進入體內，對人體產生類似荷爾蒙作用，干擾本身內分泌系統之作用，進而影響人體的生長、發育、恆定的維持以及生殖等作用，危及後代的健康。此外，因爲環境的改變，自然界也會產生很大的變化，例如：愈來愈多的生物絕種，氣候異常的情形更爲常見，對人類所生存的自然環境，有很大的威脅。

四、環保與社會發展

人類爲了追求更高的享受，不惜破壞環境，例如：種植高山農作物、開發土地做爲休閒渡假用途等，因開墾過度造成水土破壞，引發土石流。在經濟發展的過程中，造成各種環境汙染，危害地球影響人類生存。有鑑於此，我們應該保護環境，環境才會孕育我們。

世界上最早的環境保護運動，是1970年4月22日在美國發動的第一屆地球日（EarthDay）活動，發起人丹尼斯·海斯（DenisHayes）被稱爲地球日之父，這項活動催生了1972年聯合國第一次人類環境會議。現今各國皆有環保的意識與行動，期待能藉由每個人的正確環保觀念及行動，使得地球和人類共榮共存。

五、生態環境汙染

（一）水汙染的類型

<table>
<tr><td>天然汙染</td><td colspan="2">大量雨水將淤泥、有機物逕流到水中造成汙染。</td></tr>
<tr><td rowspan="4">人為汙染</td><td>市鎮汙水</td><td>家庭、醫院、企業、學校或商業活動等。</td></tr>
<tr><td>工業汙水</td><td>造紙廠、煉銅廠、皮革業、染整業、食品業等。</td></tr>
<tr><td>農畜汙水</td><td>肥料、農藥、殺蟲劑、除草劑、動物排洩物等。</td></tr>
<tr><td>垃圾汙水</td><td>掩埋時從土壤中滲出流到河川。</td></tr>
</table>

（二）飲水中主要的汙染來源

1. 微生物汙染：廁所離水源太近導致阿米巴痢疾的流行，也會傳播霍亂桿菌或傷寒弧菌。

2. 鹵化烷類致癌物汙染：由於自來水都以「氯」來消毒，當水中殘存有機物質時，即容易產生三鹵甲烷（trihalomethanes,THMs）等致癌物。

3. 鉛汙染：鉛常被用於製造輸送熱水的自來水管，目前臺灣許多老舊社區仍繼續使用鉛管而不自知。世界衛生組織認爲飲水中鉛的含量，不可超過 10ppb，若長久飲用含鉛的水，會增加心臟血管疾病、高血壓、慢性腎臟病的機率，嚴重者會損壞神經及骨隨造血系統，所以不可以直接開熱水來當飲用水。

4. 砷汙染：砷被運用在除草劑及殺蟲劑中，也是一種治療梅毒的藥物，另外化學工業、玻璃工業、醫藥工業及電子業都會使用到它，隨著用途的廣泛，中毒的機會也大增，砷會使人體慢性中毒，造成血管、肝臟及皮膚等多種器官病變，如：烏腳病、癌症等。

5. 鎘汙染：鎘中毒會引起腎臟、骨骼、肺病及心血管疾病等，亦會造成骨骼疼痛。

（三）空氣汙染的危害

過去空氣品質的參考爲空氣汙染指標（Pollutant Standard Index；PSI），是依據監測資料將當日空氣中臭氧（O_3）、懸浮微粒（PM10）、一氧化碳（CO）、二氧化硫（SO_2）及二氧化氮（NO_2）濃度等數值，以其對人體健康的影響程度，換算出的指標值。2012 年環保署公告加入 PM2.5，將 PSI 改爲空氣品質指標值（Air Quality Index，AQI）。

1. 酸雨：

(1) 酸雨的定義：環保署將酸雨定義爲 pH 值 5.0 以下的雨水。酸雨又稱爲「酸性沉降」，分爲：

性質	沉降法
濕性沉降	汙染物隨著雨水、雪、冰雹等水性型態降落地面。
乾性沉降	不下雨的日子，汙染物隨著落塵飄落到地面。

(2) 酸雨的來源：空氣裡的硫氧化物（SO_2），受到氮氧化物（NO_2）的催化而氧化，形成硫酸（H_2SO_4），使雨水 pH 值下降形成酸雨，下表爲主要的硫氧化物和氮氧化物來源。

來源	內容	
天然來源	火山噴發物質。	
人爲來源	硫氧化物	石化燃料、火力發電廠。
	氮氧化物	汽機車排放廢氣、工廠高溫燃燒過程。

(3) 酸雨的危害（圖 2-4）：

圖 2-4　酸雨是一種慢性的危害，對於自然生態、建築物及人體健康皆具有危險性

① **<u>對人類的影響</u>**：酸雨裡的二氧化硫和二氧化氮會引起呼吸的問題，例如：哮喘、乾咳、喉嚨的過敏。

② **<u>建築物影響</u>**：金屬建材遇酸會遭腐蝕，造成建築物毀損和經濟上的負擔。

③ **<u>自然生態影響</u>**：酸雨會使土壤裡的礦物質大量流失，植物會因為無法獲得充足的養分而枯萎；河川或湖泊的 pH 值也會受酸雨影像，若小於 6 將影響到水中生物的生存或繁殖。

2. 溫室效應（Greenhouse effect）：地球表面由大氣層所包圍，就像溫室的透明玻璃，當陽光照射地球時，有防止地面溫度、溼度散失的功能，保持地表溫度，年均溫能保持 15℃左右，此現象即稱為「溫室效應」，適度的溫室效應適宜地球生物存活，呼應四季的交替，但過度的溫室效應卻使地球發燒，溫室氣體（Greenhouse Gas,GHG）增加使得原本應輻射到太空中的紅外線被溫室氣體直接吸收保留在地表中，造成地球溫度上升，這就是大家關心的「全球暖化」（global warming）。在 20 世紀時，接近地面的大氣層溫度全球平均上升了 0.74℃。全球暖化會引發冰山溶解，使海平面上升，氣候變得極端，時有洪水、暴雨、強震、海嘯、乾旱、熱浪、颶風等情形在全球各地發生。

3. 臭氧層破壞：臭氧層是指大氣層的平流層中，臭氧濃度相對較高的部分，約距離地面 25 ～ 30 公里，主要作用是吸收短波紫外線（波長 100 ～ 280nm），是避免地球受紫外線直接照射的防護罩。

然而，人類在空調、冰箱製冷劑、噴霧設施（髮膠、殺蟲劑等）的分散劑或是精密電器設備的清潔劑，內含氟氯碳化物（CFCs），這些物質一旦進入平流層，在紫外線的作用下就會分解釋放「氯原子」，成爲分解臭氧的催化劑，一個氯原子可破壞近 10 萬個臭氧分子，使得臭氧層日漸稀薄、產生破洞，現今地球約 4.6%的面積沒有臭氧層的保護，南北極尤爲嚴重，此情形若不改善，將造成地球浩劫。

（四）噪音汙染的危害

噪音是指發出的聲音超過管制的標準，一般來說，讓人聽了不舒適，如：聲音太大或重覆性的聲音等。音量是以「分貝」（decibel,dB）來表示，其中 60 分貝以上會影響睡眠，長期處在 90 分貝以上會聽力受損，對人體而言最舒服的音量約在 50 分貝左右。

另外，低頻率持續的噪音所造成的感受因人而異，如低中頻喇叭、發電機等，音量雖然只有 10dB，也會對人產生生理及心理上之影響，容易有頭痛、肩痛、肩膀僵硬、腰痛、腰部僵硬、憂鬱症、躁鬱症、影響聽力等現象，影響人體健康甚鉅。

（五）土壤鹼化

臺灣地區過度抽取地下水用於養殖漁業，當富含鹽鹼礦物質的地下水被引入地表蒸發後，泥土中會留下大量的鹽和鹼；此外，過量使用肥料及除草劑等，使鹽類殘留在土地上，植物無法生長，也是造成土地沙漠化的因素之一；另外酸雨也會導致土地酸化。

第五節　資源處理與回收

一、垃圾分類

環保署自民國 95 年 1 月 1 日起推動垃圾分類，分爲：一般垃圾、資源垃圾及廚餘三類，民眾在倒垃圾前須將垃圾分類好，分別倒入垃圾車、資源回收車及附掛在垃圾車上的廚餘桶內，若不照規定，可依《廢棄物清理法》第 12 條處以 1200 ～ 6000 元罰鍰。

目前「垃圾強制分類」分爲三類：資源垃圾、廚餘、一般垃圾，分別送至資源回收車、垃圾車加掛之廚餘回收桶、以及垃圾車；垃圾分類實施之後，可以延長焚化爐使用年限、回收資源再利用、將廢棄物變成資源、垃圾減量、降低垃圾處理成本、讓掩埋場的使用時間延長。

（一）資源垃圾

丟棄大型的廢棄家具與家電用品前，要先和清潔隊約好收運的時間。廢電池類一定要投入便利商店或電器行的廢電池回收桶內，或集中收集交由清潔隊處理，目前可回收再利用的垃圾，分類如下：

項目	內容
廢紙類	紙類：電腦報表紙、便條紙、雜誌、書籍、日曆、包裝紙、宣傳單、影印紙、再生紙、報紙、電話簿等。 紙盒：紙製糖果禮盒、紙製茶葉罐等。 其他：衛生紙滾筒、購物紙袋、其他紙漿之製成品。
廢鐵類	鐵罐類：裝填調製食品（含調味品）、飲料、酒（含藥酒）、醋、包裝飲用水、調製食用油脂、乳製品、清潔劑、塗料（含油漆、樹脂）、空小瓦斯罐等。 其他：鐵窗、鐵棍、鐵鍊、鐵器、鐵桶、鐵門、鐵皮、鐵釘、鐵櫃、鐵塊、鐵鉤、鐵鍋、不鏽鋼、門鎖、鑰匙、雨傘骨架、金屬湯匙、金屬剪刀等。

項目	內容
廢鋁類	裝填調製食品（含調味品）、飲料、酒（含藥酒）、醋、包裝飲用水、調製食用油脂、乳製品、化妝品（不含彩妝類）、清潔劑、塗料（含油漆、樹脂）之鋁罐、鋁鍋、鋁盆、鋁門窗外框。
廢塑膠類	PVC、PP、PE、PS、印有回收標誌及獎勵金額之寶特瓶（PET）、PVC 瓶。等材質，礦泉水瓶、牛奶瓶、養樂多瓶、家庭用食用油瓶、清潔劑、洗髮精、沐浴乳等瓶罐、塑膠碗、塑膠瓶、塑膠鉛筆盒、塑膠桌椅、保鮮盒、牙膏軟管、塑膠製資料夾、塑膠製衣架、塑膠菜藍子、塑膠臉盆、塑膠灑水器、塑膠管、壓克力、光碟片（CD、VCD、DVD）、塑膠袋。
玻璃類	各式裝填製食品（含調味品）、飲料、酒（含藥酒）、醋、包裝飲用水、調製食用油脂、乳製品、化妝品（不含彩妝類）、清潔劑、塗料（含油漆、樹脂）等之玻璃瓶。
鋁箔包	裝填調製食品（含調味品）、飲料、酒（含藥酒）、醋、包裝飲用水、調製食用油脂、乳製品、化妝品（不含彩妝類）清潔劑、塗料（含油漆、樹脂）等之鋁箔包。
舊衣服	完整未破損之上衣、褲子、洋裝、外套、西裝。
廢輪胎	廢汽車、廢機車及廢腳踏車的輪胎。（直徑 1100mm 以上特種輪胎不回收）
大型廢家電	電視機、電冰箱、洗衣機、冷暖氣機、個人電腦（含主機板、硬式磁碟機、電源器、機殼及螢幕、鍵盤、光碟片）、筆記型電腦、監視系統之螢幕、列表機、電腦零件。※ 螢幕破損之電器不回收。
廢小家電	行動電話、電熱水瓶、飲水機、電磁爐、電鍋、電風扇、微波爐、烤箱、脫水機、烘乾機、果汁機、電暖爐、收錄音機、音響、錄放影機、DVD、CD、收錄音機、音響、錄放影機、RO 濾水機、空氣清淨機。
免洗餐具	紙製餐盤、便當盒、碗碟、杯、生鮮超市之托盤、保麗龍製餐盤、便當盒、碗碟、杯、生鮮超市之托盤、塑膠製之免洗餐盤、便當盒、碗碟、杯、生鮮超市托盤。（便當盒內不可夾帶廚餘）
廢乾電池	各式水銀電池、鹼性電池、鋰電池、鎳鎘電池、充電電池均回收。

項目	內容
廢鉛蓄電池	各式汽、機車鉛蓄電池均回收。
環境衛生用藥容器	金屬製、塑膠製、鹽酸瓶、殺蟲劑、消毒水瓶、洗廁劑瓶均回收。
農藥容器	金屬製容器、塑膠製容器、玻璃製容器均回收。
廢日光燈管	廢直式日光燈管。
其他	工業用保麗龍、腳踏車、安全帽、行李箱、雨傘、獎盃。

(二)廚餘

日常生活中，吃剩的剩飯、果皮、菜葉、魚肉骨頭、茶葉渣、過期食品等統稱爲廚餘。除了將交給垃圾車的廚餘桶回收之外，若是家中空間允許，不妨自製廚餘有機堆肥，將廚餘變成肥料再利用，廚餘的分類如下：

分類	堆肥廚餘（生廚餘）	養豬廚餘（熟廚餘）
說明	果殼類、園藝類、殘渣類、硬殼類、其他。	水果類、蔬菜類、果仁類、米食類、麵食類、豆食類、肉類、零食類、罐頭類、粉狀類、調味類、其他類（如過期食品）。
注意事項	椰子殼、榴槤殼請勿混在廚餘，另收集後送交回收車	回收產源請除去外部包裝，並請勿將筷子、湯匙、牙籤等雜物及垃圾混入廚餘中。羽毛請以一般垃圾處理。

二、垃圾造成的危機

1. 孳生病媒蚊：處理不當造成病菌的溫床，傳染疾病。
2. 水及土地汙染：掩埋垃圾所滲出的水汙染土地及河川
3. 燃燒造成空汙：隨意燃燒或焚化廠設備不足產生戴奧辛等有害物質，造成空氣汙染。

三、資源回收要點

環保署自民國 86 年 1 月起推動「全民參與回饋式資源回收四合一計畫」，由「社區民眾」透過家戶垃圾分類，將各類小型資源物品，結合「地方政府清潔隊」、「回收商」及「回收基金」之力量予以回收再利用。透過環保署資源回收專線 0800-085717（諧音：您幫我，清一清）可以查詢資源回收業者聯絡資料或相關問題諮詢服務。

四、家庭環保工作

1. 響應資源回收、垃圾分類，對節約能源有很大的幫助。
2. 拒絕使用破壞環境或浪費自然資源之物品，隨時保持環境的清潔。
3. 避免選購對家庭有毒物質的產品。
4. 應多選擇使用環保標章的家電用品，可減少廢氣排放；出外時多搭乘公共運輸系統，可減少交通工具所排放的廢氣。
5. 選購具「節能標章」的電器用品，少用耗電量大的家電產品，例如微波爐、電磁爐、熨斗、冷氣機等；養成良好用電習慣，隨手關掉不必要的電器。
6. 爲了減少垃圾量，出門自備購物袋，使用多次盛裝容器，避免購買過度包裝產品；選擇未經漂白的紙製產品，最好使用再生紙並雙面使用。

第六節　家政職場的環保工作

一般來說，人們工作時間每天至少 8 小時，不比在家裡時間少，因此職場的工作環境是否安全很重要，工作場所製造的廢水、廢料、廢氣等是否會汙染環境造成危害更是需要注意的事。

1. 美容美髮業：

減少使用噴霧性髮膠，盡量以其他產品替代。

選用有節能標章的電器用品。

避免使用拋棄性用品，容器杯具可洗淨消毒再使用。

2. 幼保業：

選用有 ST 安全玩具標誌的玩具。

布置教室的牆面、地墊、桌椅、教具等都要選擇環保安全素材。

教導幼兒節能減碳的生活習慣，培養環保概念。

3. 服裝業：

染布工廠所排放的廢水要經過廢水處理設備，才能排出或循環再利用。

開發環保低碳服飾。

服裝製作的原料要環保無毒，避免含有甲醛、螢光劑等。

服飾銷售過程，注意環保不過度包裝。

4. 家事工作業：

使用天然環保的清潔劑。

家庭用水資源的二度利用。

確實做好資源垃圾的回收。

5. 餐飲業：

食材充分利用不浪費，確實資源回收及垃圾分類。

廚房抽風設備良好，且有截油槽設施，避免吸入大量油煙或讓廢油、廢氣隨意排出，汙染人體及環境。

避免使用不可分解的容器（如：保麗龍、塑膠袋）與免洗餐具。

重點摘要

2-1 家庭生活環境的認識與選擇

1. 世界衛生組織（WHO）在 1961 年就居住環境提出 4 個基本理念：安全、健康、便利和舒適。
2. 平均每人室內面積要大於 5.6 坪（1 坪≒ 3.3 平方公尺）。

2-2 家庭生活環境的安全與管理

1. 廚房是家庭中危險的地方，約占家庭意外事故的 20%。
2. 浴室是最容易發生滑倒事故的場所。
3. 用電量高的電器（如：微波爐和電烤爐）勿同時使用同一插座，避免線路過載。
4. 熱水器要裝置在屋外下風處，防止因瓦斯燃燒不完全產生一氧化碳再經風吹入室內。
5. 瓦斯桶放置須避免陽光直射，且通風良好，周圍溫度不宜超過 35℃。
6. 放洗澡水時應先放冷水再放熱水，絕對避免將兒童單獨留在浴室。
7. 高樓層房屋要設有「自動灑水器」。

2-3 家事工作簡化

1. 家事工作簡化的四原則：速、簡、實、儉。
2. 簡化工作程序原則：組合、合併、重疊。

2-4 環保重要性與生態環境汙染

1. 「京都議定書」條約於自 1997 年 12 月，在日本京都通過，主要目標為將大氣中的「溫室氣體」含量穩定在一個適當的水平，進而防止劇烈的氣候改變對人類造成傷害。到 2009 年 2 月，一共有 183 個國家通過該條約。

2. 臺灣測量空汙的指標是「懸浮微粒」和「臭氧」。

3. 環保署將酸雨定義為 PH 值 5.0 以下。

4. 臭氧層是指大氣層的平流層中，約在距離地面 25 ～ 30 公里，臭氧濃度相對較高的部分，主要作用是吸收短波紫外線（波長 230 ～ 350nm）。

2-5 資源處理與回收

1. 環保署自民國 95 年 1 月 1 日起推動垃圾分類，分為：一般垃圾、資源垃圾及廚餘三類。

2. 環保署自民國 86 年 1 月起推動「全民參與回饋式資源回收四合一計畫」，由「社區民眾」透過家戶垃圾分類，將各類小型資源物品，結合「地方政府清潔隊」、「回收商」及「回收基金」之力量予以回收再利用。

請沿虛線撕下

課後評量

範圍：第二章

班級：__________　座號：______　姓名：__________

評分欄

一、選擇題（每題 4 分）

(　　) 1. 環保署推動的「資源回收四合一」活動，何者爲落實該活動最基本的人員？ (A) 社區居民 (B) 回收商 (C) 地方清潔隊員 (D) 回收人員。

(　　) 2. 下列何者不是理想居住環境？ (A) 平均每人室內面積 6 坪 (B) 順向坡 (C) 社區居民有高度公德心 (D) 附近有警察局。

(　　) 3. 家庭常見意外災害的地點中最危險之處爲？ (A) 室內樓梯 (B) 廚房 (C) 浴室 (D) 客餐廳。

(　　) 4. 燒燙傷的評估，成人燒燙傷面積超過多少可能危及生命？ (A)20% (B)30% (C)40% (D)50%。

(　　) 5. 火災發生後多久，是滅火最佳時機？ (A)20 分鐘內 (B)10 分鐘內 (C)5 分鐘內 (D)3 分鐘內。

(　　) 6. 有關居家安全，下列敘述何者錯誤？ (A) 不明食物中毒時不要輕易催吐 (B) 洗澡水要先放冷水再放熱水 (C) 廚房油鍋起火要趕緊拿水撲滅 (D) 浴室需用防滑地面避免滑倒。

(　　) 7. 一般會影響睡眠的噪音是多少分貝？ (A) 60 (B) 70 (C) 80 (D) 90 分貝。

(　　) 8. 溫室效應會產生何種環境問題？ (A) 湖泊優養化 (B) 全球暖化 (C) 雨量變少 (D) 日照時間變短。

(　　) 9. 爲了提倡環境保護運動，將 4/22 訂爲世界地球日，請問該活動是由誰提出？ (A) 林肯 (B) 歐巴馬 (C) 布希 (D) 丹尼斯。

(　　) 10. 下列何者不屬於資源垃圾？　(A) 水銀電池　(B) 乾淨塑膠袋　(C) 香蕉皮　(D) 報紙。

(　　) 11. 人體若失血量超過總血液量多少會有休克的危險性？　(A) 5-10%　(B) 10-15%　(C)15-20%　(D) 20-25%。

(　　) 12. 主因為瓦斯燃燒不完全或汽車廢氣的是哪種中毒？　(A) 二氧化碳　(B) 一氧化碳　(C) 甲醇　(D) 甲醛。

(　　) 13. 環保署將酸雨定義在 pH 值多少以下？　(A) 5.0　(B)6.0　(C)7.0　(D)8.0。

(　　) 14. 臺灣測量空污的指標為「懸浮微粒」和哪一種氣體？　(A) 氧氣　(B) 臭氧　(C) 二氧化碳　(D) 一氧化氮。

(　　) 15. 家中何處最容易發生滑倒事故？　(A) 客廳　(B) 餐廳　(C) 樓梯　(D) 浴室。

二、填充題（每格 4 分）

1. 地球表面由大氣層所包圍，就像溫室的透明玻璃，當陽光照射地球時，有防止地面＿＿＿＿＿＿、＿＿＿＿＿＿散失的功能，保持地表溫度，年均溫能保持＿＿＿＿＿＿℃左右，此現象即稱為「溫室效應」。

2. 世界衛生組織認為飲水中含鉛量不可以超過＿＿＿＿ppb，若長久飲用含鉛的水會增加心血管疾病、高血壓、慢性病等機率，有危害人體健康之慮。

3. 瓦斯爐設置須距離牆面＿＿＿＿公分以上。

三、簡答題（每題 10 分）

1. 請簡述意外災害的急救步驟流程？

2. 請簡述燒燙傷的急救方法？

Chapter

嬰幼兒發展與保育

1. 瞭解嬰幼兒生理發展與保育
2. 瞭解嬰幼兒心理發展與保育
3. 瞭解嬰幼兒疾病預防與照護
4. 認識嬰幼兒相關行業

教育學者盧梭主張幼兒是一個獨立的個體，並非成人的縮影，以前人們對於幼兒的發展歷程較不清楚，容易造成保育與照顧上的誤解及迷思，近年來國內外的專家學者積極進行嬰幼兒發展相關研究，發現嬰幼兒期是人類發展階段中最快速也是最重要的一個時期，此時期若受到良好的保育與教育，將可為日後健全成長奠定基礎。

第一節　嬰幼兒生理發展與保育

一、個體發展的意義

發展（Development）是指個體從生命形成到死亡的一連串身心發展變化歷程。而發展的歷程是有連貫性、順序性、方向性的循序漸進過程，其中包含「量」的增加，例如：身高體重的變化；以及「質」的改變，例如：人格、認知能力的變化等。

二、個體發展過程中身體的改變

心理學家赫洛克（Elizabeth Hurlock）提出的發展變化分為下列四種：

（一）大小的改變

1. 生理方面：身高、體重、器官、胸圍等的增加。
2. 心理方面：語彙能力、記憶力、抽象思考能力的提升。

（二）比例的改變

1. 生理方面：頭部及身長比例的改變，胎兒頭部占身長的 1/2、新生兒頭部占身長的 1/4，成人頭部占身長的 1/8（圖 3-1）。

2. 心理方面：幼兒的幻想能力逐漸減少，思考邏輯趨近現實，想像力比推理能力表現佳。

（三）舊特徵的消失

1. 生理方面：胎毛、乳齒的脫落以及部分反射動作及胸線的消失等。
2. 心理方面：兒語的消失並且減少對成人的依賴性。

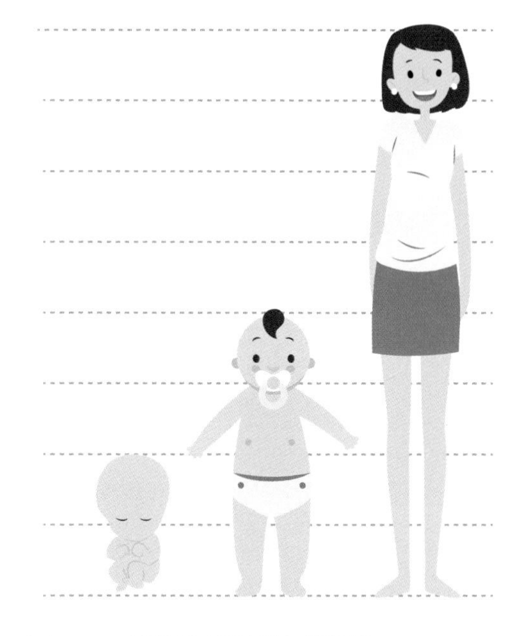

圖 3-1　頭部及身長比例變化

（四）新特徵的獲得

1. 生理方面：恆齒及手部精細動作的發展。
2. 心理方面：好奇心、探索能力、好問及道德觀念的發展。

三、個體發展的一般性原則

嬰幼兒時期的發展是各時期中發展最快速、學習力最強的階段，主要受到遺傳與環境的交互作用影響，一般性原則如下：

（一）連續性與階段性

發展是一個連續改變的過程，前後速度不同，採循序漸進階段呈現，發展階段間是以交互重疊方式進行，而不是樓梯式階段呈現，所以早期的發展爲後期發展的基礎。

（二）不平衡性

發展的速度並非固定不變，大都是先快後慢，例如：神經系統發展速度先快後慢，而生殖系統則是先慢後快的發展，因此發展是呈現不平衡性的波浪式進行。

（三）方向性（相似性）

發展的方向是可預測的，並有其順序性：

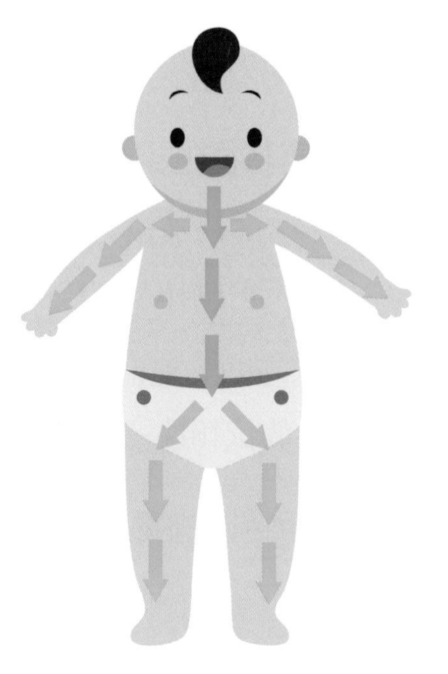

圖 3-2　頭足定律

1. 頭足定律（圖 3-2）：發展順序是由頭至軀幹至腳，例如：嬰幼兒的發展是從抬頭，進而會坐，慢慢地開始用四肢爬行，然後扶物站立，最後開始行走。
2. 近遠定律：幼兒取物的歷程是先用雙手及身體抱物，再用手掌握物，最後運用手指抓物。
3. 由籠統到分化最後再統整：由一般到特殊的反應，是一種循序漸進的過程。

（四）個別差異性

雖然個體的發展模式相似，但受到遺傳和環境不同的影響，所以在生理或是心理上都有其個別差異性，因此每個個體都有其獨特性。

四、影響發展的因素

（一）遺傳與環境

遺傳和環境是二個影響成長發展的主要因素，在遺傳的因素中有種族、家族、性別、基因等原因，而環境因素可能會有如家庭環境、經濟狀況、營養、疾病、家人關係等，都會影響孩子的發展。

遺傳	遺傳決定論者高爾頓先生，主張遺傳對個體的發展影響較大。所謂的遺傳是指個體透過精子和卵子的結合形成受精卵，透過生殖細胞父母將其細胞中的基因傳遞給下一代，使其子女有其父母的特質。

環境	環境決定論者華生（John B. Watson），主張幼兒的發展完全是受外界環境影響，所謂環境是指個體在生命形成後所處的環境。從母親受孕開始的母胎環境，出生之後的成長環境受家庭、社會、地理環境、家人關係等的不同環境因素，而有不同的發展。

（二）成熟與學習

個體在發展的歷程當中，是透過成熟與學習的交互作用影響，這樣的交互作用會跟著個體的發展及生長而產生改變，個體年齡愈小，受成熟的影響較大，年齡漸長後受學習的影響較多。

成熟	個體在基本動作技巧、感覺發展上受成熟因素影響較大，例如：站立、行走、感覺、知覺等。
學習	學習則是透過身體機能的成熟後，並藉著練習及努力而學習。而學習的時間則有其「關鍵期」或「敏感期」，掌握學習的關鍵期往往能夠事半功倍。例如：語言、認知能力、抽象思考能力等。

五、身高體重的發展與保育

新生兒身高正常範圍大約在 45 ～ 55 公分之間；體重正常範圍在 2.5 ～ 4.0 公斤之間（圖 3-3）。新生兒在出生後一星期左右，會有「生理性體重減輕」現象，因爲身體的水分流失、排出胎便、洗去胎脂等因素所造成，會使體重減輕 5 ～ 10%，然而會於第 7 ～ 10 天恢復，所以這是正常現象。

新生女嬰平均
身高 49cm
體重 3.2 kg

新生男嬰平均
身高 50cm
體重 3.4 kg

成長

1歲
（不分男女與出生時比較）
身高 1.5倍（成長50%）
體重 2倍（成長100%）

六、頭、胸及骨骼的發展與保育

瞭解幼兒的成長，身高、體重和頭圍是認識生長情形必須要測量的，新生兒的正常頭圍和身高有一定的關係，新生兒的正常頭圍約在 32 ～ 38 公分，平均頭圍約爲 35 公分，1 歲時約爲 44 ～ 46 公分，2 歲約爲 47 ～ 48 公分，3 歲時達到成人頭圍的 80%。除頭圍外，囟門的大小和閉合時間，也是發展應注意之處，1 歲～ 1 歲半之間囟門應已閉合（圖 3-3）。

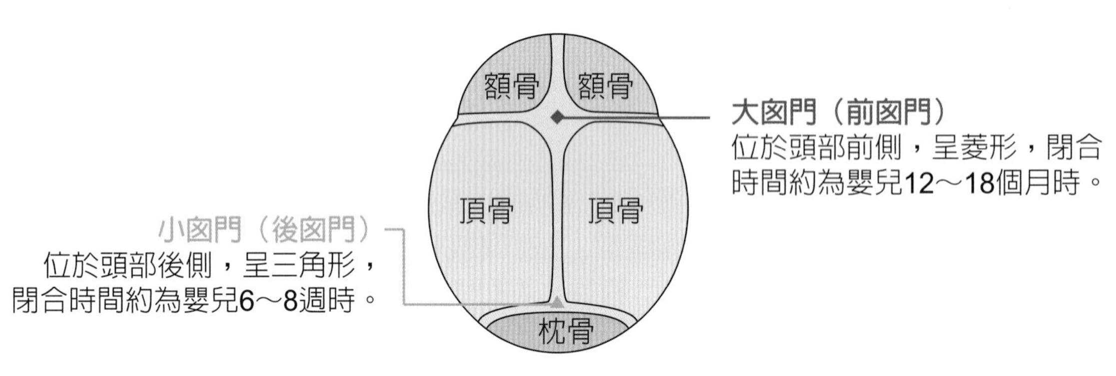

圖 3-3　囟門。

七、肌肉骨骼發展與保育

幼兒期的骨骼鈣質少、膠質多，容易變形。新生嬰兒的骨骼 270 塊，6 歲 300 塊，青春期減爲 250 塊，成人由於骨化（軟骨逐漸吸收鈣、磷及其他礦物質而變硬的過程，始於 1 歲，止於青春期）完成只剩 206 塊，幼兒期是骨骼塊數最多的時期。

嬰幼兒的肌肉組織細小，水分多，柔軟有彈性。幼兒的大肌肉發展約 3 歲完成，故幼兒期應以全身性之大肌肉發展爲主。小肌肉的發展宜在 6 歲以後才做精細動作，7 歲左右才開始加速成長，故幼兒階段勿強迫幼兒寫字。

八、牙齒發展與保育

新生兒未滿 1 歲前，即應進行首次牙齒檢查，之後每半年定期檢查一次。在嬰幼兒飲用水中加入 1ppm 以下的氟，可以減少齲齒。

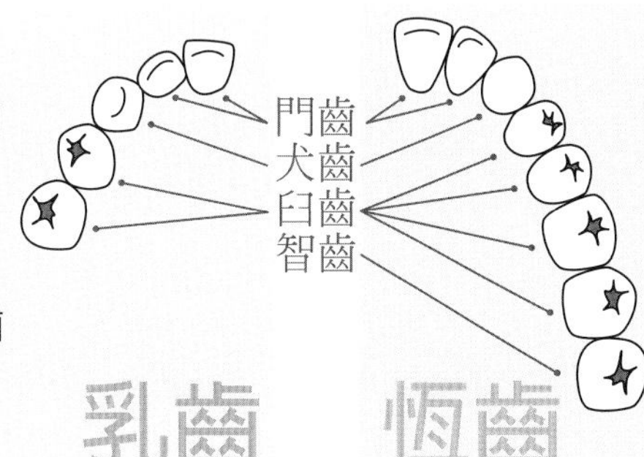

九、感覺系統發展與保育

1. 視覺：喜歡注視複雜的形狀及曲線，不喜歡簡單的形狀及直線，且喜歡注視人的臉部，是感官中發展最慢的。視覺是感官發展最慢的感覺，1 歲以下的嬰兒因尚未發展完全，可能會有視力不佳、假性斜視等視力異常的現象，會在 1 歲之內逐漸改善。
2. 聽覺：嬰兒對嘈雜聲會有雙手雙腳舉高的反應（摩羅擁抱反射或稱驚嚇反射），胎兒時期就已經有聽覺。
3. 味覺、嗅覺：在出生時就已發育好，嬰幼兒舌上味蕾分布較成人廣，在舌尖部分特別多，所以容易偏食。餵母奶最能刺激嬰兒味覺、嗅覺與觸覺發展。
4. 觸覺：在所有的感覺中，最先發育的就是觸覺；要刺激寶寶觸覺發展，媽媽的擁抱是十分重要的，另外觸覺安定感不足的孩子常常會有情緒不穩、常哭鬧的情形，同時將來長大後較容易發生人際關係障礙。

十、嬰幼兒動作發展與保育

（一）幼兒動作發展的特徵

動作發展有賴成熟與學習，成熟是學習的基礎，也是學習的預備狀態。在個體未成熟之前，學習或訓練不僅無效果且可能揠苗助長。個體愈年幼，成熟因素對行爲的支配力愈大（如：嬰兒的坐、爬、站、走就受成熟的限制）；長大後則以學習因素佔優勢（如：彈琴、舞蹈有賴學習或訓練）。

1. 動作發展方向：
   (1) 由頭至尾：頭→軀幹→腳。例如：嬰幼兒的坐、爬、站、走。
   (2) 由中心至邊緣，如：幼兒取物的歷程是抱物→握物→抓物。
2. 由籠統而分化再統整：動作發展是由整體到特殊，概念發展則是由特殊到一般；「分化」是指發展由籠統、整體、一般到特殊的歷程；「統整」是指由特殊到協調的歷程。例如：嬰兒剛出生時的動作是全身性的，慢慢地會有四肢的動作發展，愈來愈細，最後才開始有像是「手眼協調」的整合動作。

（二）動作發展有個別差異與性別差異

因智力、學習機會、環境、成熟程度各有不同，動作發展有個別差異。女童的骨骼發展、肌肉控制、書寫方面大致優於男童。

（三）幼兒動作發展的歷程

1. 新生兒動作發展：全身性活動。
   (1) 個體某部位受到刺激，會引起全身性反應，如：嬰兒的「哭」就是一種全身性活動，會肌肉用力、舞動四肢。
   (2) 軀幹與腿部的全身性活動最多，頭部最少。

(3) 新生兒由於手眼及各部肌肉尚未發展成熟，所以他的動作發展可以說是沒有意識和目的的反射動作。這些短暫且機械性的反射動作主要受外界環境所觸發，完全不受他主動控制；這些反射作用對生存有意義，並具有明顯保護作用，例如：瞳孔放大、眨眼、打呵欠、咳嗽、嘔吐、打噴嚏、呼吸、吞嚥等。

(4) 有些反射對生存無價值，且在出生後不久即消失了，它們消失的時間，可以作爲神經系統是否成熟或有無障礙的指標。如：達爾文反射、搜尋反射、摩羅擁抱反射、頸強直反射、巴賓斯奇反射等。

2. 嬰兒期動作發展：2 歲前動作發展最主要是屬於大肌肉的控制活動。如：坐、爬、站、走與拿取動作。

3. 幼兒期動作發展：以粗大動作爲主，精細動作爲輔。5 歲時，基本大動作均已大致完成。如：坐、爬、站、走、跑、跳等。

第二節　嬰幼兒心理發展與保育

一、嬰幼兒語言發展與保育

(一) 幼兒語言發展的歷程

斯登（WilliamStern）將語言發展分爲五期如下：

語言發展時期	發展年齡	發展重點
準備期 （先聲時期） （前語言期）	出生～1 歲	1. 語言發音練習：哭→爆發音→牙牙語（8 個月時達到最高峰），這些聲音雖然不具任何意義，但對幼兒卻非常重要。 2. 嬰兒在 8、9 個月時，就能聽懂大人一些簡單的語言，並能做出回應。

語言發展時期	發展年齡	發展重點
第一期 單字句期	1 ～ 1.5 歲	1. 眞正語言是指嬰兒能瞭解所發出聲音的意義，並能有效表達。 2. 單字句期是眞正語言開始的時期。 3. 幼兒以單字表示整句話的意思並以該物品的聲音表示其名稱，例如：「汪汪」代表狗，「噗噗」代表車子。
第二期 雙字句期 （稱呼時期） （電報句期）	1.5 ～ 2 歲	1. 這個時期的幼兒喜歡詢問物品名稱並加以命名，但此時期表達的句子結構鬆散、粗略且較不連續，例如：「媽媽抱抱」。 2. 詞性分化順序爲：名詞→動詞→形容詞。
第三期 造句期 （文法期）	2 ～ 2.5 歲	1. 此時期的幼兒會注重文法及模仿大人的語氣，例如：「你是哥哥，要照顧妹妹喔」。 2. 幼兒開始學習使用代名詞，使用先後順序爲：我→你→他。
第四期 好問期 （複句期）	2.5 ～ 3 歲	1. 幼兒開始喜歡發問問題，例如：這是什麼→爲什麼→怎麼了→有幾個。 2. 此時期幼兒會先使用平行句再使用複合句，例如：平行句「爸爸要去，我也要去」；複合句「剛剛打球時，弟弟把玻璃打破了」。

（二）影響幼兒語言發展因素

1. 神經系統與發音器官肌肉的成熟：語言的形成包括：

   (1) 字音：需要舌頭、聲帶、嘴唇、下顎等發音器官肌肉的成熟以及大腦語言中樞神經系統的成熟。

   (2) 字義：需要大腦聯絡中樞神經系統的成熟，才能記憶與推理。

2. 智力發展：根據皮亞傑（JeanPiaget）研究發現 4 ～ 7 歲的幼兒語言有 1/3 都是屬於自我中心的語言，這種非溝通性的語言有重複語句、獨語、集體獨語，是兒童最常見的一種自我中心的語言。

之後幼兒透過與成人的社會接觸才會逐漸發展成人的語言，其型態有：適應性報告、批評、命令、請求、質問、問答等。

3. 家庭關係：家庭氣氛、親子關係、家人關係、父母教育程度、家庭社經地位等都會影響幼兒的語言發展。
4. 社會環境：居住環境、學習環境等會間接影響。

二、嬰幼兒認知發展與保育

（一）認知發展理論

皮亞傑認爲幼兒認知發展除了靠成長外，還需有認知思考能力，認知是指個體獲得知識的歷程，是指感覺、知覺、思考、學習、記憶、語言等各種認知能力，認知過程如下：

1. 基模：個體利用與生俱來的原始行爲模式，探索瞭解周圍環境的認知能力。皮亞傑將基模視爲個體吸收知識的基本架構。
2. 同化：個體運用原有基模探索環境時，將遇見的新經驗加入既有基模，運用舊經驗套用新經驗，將新事物或新經驗同化在他原有基模，成爲新的經驗。
3. 組織：個體在探索瞭解其周圍事物時，能協調統整其身體的各種功能，達到學習的認知歷程。
4. 調適：原有基模不能同化新經驗時，個體主動修改其既有基模，而達到認知平衡的學習歷程。

（二）認知發展階段論

皮亞傑重視成熟對認知的影響，認爲認知發展無法藉由學習提早程序，而是個體與環境交互作用獲得經驗，不僅是量的轉變，也是質的改變。

<table>
<tr><th>分期</th><th>年齡</th><th>行為特徵</th></tr>
<tr><td>感覺動作期
（實用智慧期）</td><td>出生～2 歲</td><td>1. 經由感覺、知覺、動作來認識外在環境。
2. 用嘗試的方法來瞭解周圍的事物。
3. 1 歲左右建立物體恆存概念。
4. 模仿行爲。
5. 視覺、聽覺合作，以瞭解物體存在。</td></tr>
<tr><td rowspan="2">準備運思期
（直覺智慧期）
（前操作期）</td><td>2～4 歲
（運思前期）</td><td rowspan="2">1. 用直覺來認知外在環境（直接推理）。
2. 只瞭解具體化的事物。
3. 認爲萬物皆有靈。
4. 集中注意：只專注在某一個顯著的特徵上，而忽略其餘的特徵。
5. 思考觀點以自我爲中心，無法設身處地區分自己與他人的觀點。
6. 開始使用符號或語言代表他們經驗的事物。
7. 缺乏保留概念的原因：未注意到轉變、不具可逆性思考。</td></tr>
<tr><td>4～7 歲
（直覺期）</td></tr>
<tr><td>具體運思期
（具體智慧期）
（具體操作期）</td><td>7～11 歲</td><td>1. 脫離自我中心的觀念轉向以社會爲中心。
2. 具有「可逆性」思考與「保留」概念。
3. 保留是指物體的恆久性。幼兒對物體轉換過程中，瞭解到物體本質不變的認知能力。
4. 保留概念出現順序：數量（7 歲）→質量（7～8 歲）→長度（8 歲）→重量（9～10 歲）→容量（11 歲）→面積（11～12 歲）→體積（11～12 歲）。
5. 有序列及分類的能力。
6. 瞭解水平線的意義。
7. 教學仍應以具體實物輔助教學。</td></tr>
<tr><td>形式運思期
（抽象智慧期）
（形式操作期）</td><td>11 歲以後</td><td>1. 具有邏輯推理的能力。
2. 能做抽象的思考，幼兒的思考可不藉具體實務作抽象思考。
3. 從感覺世界進入概念世界，能瞭解符號意義。</td></tr>
</table>

（三）認知發展論特色

1. 認知發展歷程有一定的順序，每個階段都有其主要發展任務。
2. 發展是漸進而繼續的過程。
3. 各階段年齡劃分只是一種大概，且有個別差異及文化差異。
4. 各期發展差異不在量的分別，而在質的改變。
5. 各方面的發展不一定步調一致。

三、嬰幼兒社會行為發展與保育

（一）社會行為的意義

1. 社會行為：個體與外界環境接觸時，人與人之間的生、心理交互作用後，所產生的行爲稱之爲社會行爲。
2. 社會化過程：嬰幼兒在成長的過程中，必須由「自然人」（與生俱來的本能並且渴望立即獲得滿足）慢慢學習成爲「社會人」（表現出群體中可被接受的社會行爲）。
3. 扮演社會所贊同的適當角色：
   (1) 社會角色：幼兒經由學習及模仿而表現出符合社會期待的行爲，例如：分享、合作等。
   (2) 性別角色：這個時期的幼兒也會發展出性別認同，懂得學習適合女性或男性之特徵與行爲。
4. 發展幼兒社會態度：幼兒的社會行爲發展非常重要，一個人早期的社會互動經驗，會深刻的影響未來對別人的態度和人際關係。

（二）嬰幼兒社會行為發展的歷程

1. 嬰兒期的社會行為（出生～ 2 歲）：嬰兒期是社會行爲的準備期，最早且最常和嬰兒有社會行爲互動的對象是母親或是主要照顧者，嬰兒對成年人的社會反應如下表：

年齡	反應
2 個月	聽到人的聲音，頭會循聲音的方向轉動，將嬰兒抱起來時，哭聲會立即停止，大人逗他，他會發出呵呵的聲音回應，但不具有社會行爲的意義。
3 個月	眞正社會行爲的開始，嬰兒最常出現的行爲有哭和笑兩種行爲，這個時候大人也要適時給予嬰兒反應及鼓勵。
4 個月	嬰兒會伸出雙手要求你「抱抱」，看到人的時候會笑，無論是母親或陌生人都會引起他的反應，當你離去時，嬰兒會有失望的表情或者是哭泣，大人對他說話時他會微笑，表現出開心的表情。
5 個月	對別人的喜悅或憤怒，能作出不同的反應，這個時期的笑開始有選擇性，只對熟悉的人笑，對陌生人有警覺性，表現恐懼，此時的笑已具有社會性的意義。
6 個月	嬰兒對母親或主要照顧者有依戀情結，母親離開他時，他會苦惱、啼哭。對陌生人會表現出退縮、害怕的恐懼。
7、8 個月	會模仿大人簡單的動作及語言，例如：「再見」，他會揮揮手；「好棒」，他會拍拍手等動作反應。
1 歲	開始喜歡與別人相處，喜歡與人互動，而且喜歡照鏡子，對鏡子中的人發生興趣，但不知鏡中的人是自己。
2 歲	可以與成人玩簡單的互動遊戲，喜歡幫大人做簡單的事，漸漸地由無社會性而到社會性的階段。

嬰兒期社會行爲的特徵：

(1) 膽怯與怕羞：膽怯自 6 個月開始出現，9 個月～ 1 歲更爲明顯。心理學家稱此階段爲認生時期，會出現陌生人焦慮。膽怯與害羞可以看做是自我意識的萌芽，表示嬰兒對自己與他人的意識反應。

(2) 模仿：嬰兒模仿的行爲是社會化第一個步驟，嬰兒透過面部表情的模仿→手勢與動作的模仿→語言的模仿→行爲全模式的模仿的順序，因此這個時期親子宜多互動，並要多注意言教及身教（圖 3-5）。

圖 3-5　嬰兒有模仿行為，照顧者應注意言教及身教

(3) 競爭：競爭的行爲經常出現在與其他幼兒一起遊玩時，會去搶奪別人的玩具，但這個時候的搶奪並非針對其他幼兒，而是將其注意力放在玩具上。有時候的競爭行爲是爲了爭取大人的注意或關愛，尤其最常發生在手足之間的爭寵行爲，若不能得到滿足，就會變成嫉妒。

(4) 合作：嬰兒與大人的合作行爲，是從玩「掩面」(躲貓貓) 遊戲開始。但和其他嬰兒的合作，則非常短暫，每次不超過 2、3 分鐘。

(5) 反抗：8 個月大的嬰兒開始有自我意識，想要自己來完成事情，1 歲半開始會有反抗行爲，3 ～ 6 歲達到高峰，是幼兒自我意識覺醒及自我認識的開端。

(6) 依戀：6 個月～ 3 歲，幼兒極渴望與母親或主要照顧者接近、親近，此時的幼兒會對陌生人感到害怕，6 ～ 7 個月會產生分離焦慮，害怕與依附對象分開，2 歲左右達高峰，此時與主要照顧者產生安全的依戀關係，可幫助幼兒建立信任感。

2. 幼兒期的社會行為（2～6歲）：幼兒期是社會行爲的發展期，也是社會行爲發展的重要時期，其特徵如下：

(1) 反抗：1.5 歲開始，3～6 歲達到高峰，人生第一反抗期是幼兒期；第二反抗期是青春期，幼兒的反抗行爲產生乃是心中已有「自我」的意識，最常見的是反抗大人的權威。根據赫哲爾（Helzer）的統計，意志正常幼兒，有 84% 均須經過反抗期；意志薄弱的幼兒，卻只有 21% 經過反抗期。

(2) 模仿：克伯屈（Kilpatrick）把 1～3 歲的幼兒稱爲模仿的社會化時期，此時期的幼兒喜歡模仿周圍常接觸的人的行爲或言語，因此可以爲幼兒營造一個有利學習的良好環境。

(3) 攻擊：幼兒 3～5 歲時攻擊行爲達到高峰，而其攻擊行爲的表現方式最多的是直接以身體攻擊或是用嘲笑、責罵的間接語言攻擊。引起攻擊行爲誘因爲：

① 模仿：成人不當的身教與言教。

② 社會文化或媒體環境的不良刺激。

③ 爲了想要引起別人的注意或關愛。

④ 其他：活動空間太小，玩具少、挫折感重或者是身體不適。

(4) 競爭：格林巴格（Greenberg）發現 2～3 歲幼兒只對玩具感興趣；3～4 歲的幼兒，開始表現競爭心，已瞭解「最大」、「最好」、「第一」的意義。成人對於競爭的主要態度應爲：

① 成人的價值觀和虛榮心千萬不要加諸在幼兒的身上。

② 應該強調活動過程而非結果的成敗。

③ 父母應瞭解每個孩子的個別差異並且要尊重孩子的個別差異。

④ 鼓勵幼兒追求自我的成長與進步，而非與他人的競爭。

⑤ 提供良好的學習環境，應該將鼓勵代替競爭，讓幼兒產生自信心。

(5) 合作：3 歲的幼兒與他人合作之行爲逐漸增加，幼兒愈有機會參與其他幼兒的遊戲，並且透過合作性遊戲強化其合作行爲。

(6) 社會認可：幼兒最先最希望能得到大人的認可，尤其是父母或是主要照顧者，其次是同伴的認可，成人可利用幼兒對社會認可的需求，善加誘導，逐漸學習是非善惡的標準及學習正確的社會行爲。

3. 影響嬰幼兒社會行為發展的因素：

(1) 個人因素：身體健康、語言發展、智力發展、情緒、人格特質。

(2) 家庭因素：父母的感情、家人間的關係、父母的教養方式、家庭的經濟、家庭氣氛等。

(3) 出生序：

① 出生序第一的老大較易適應社會行爲的正常發展，但當弟妹出生後，一方面要獨立；另一方面卻因爲弟弟妹妹的出生而容易產生嫉妒心，不利其社會行爲的正常發展。

② 獨生子女、老么易養成依賴性或柔弱的性格。

③ 手足較多容易產生嫉妒心與競爭的心理。

④ 中間兒來自上下雙重的競爭壓力，易養成競爭與反抗的態度，最不利於社會行爲的正常發展。

(4) 社會因素：多給予幼兒良好的社會接觸、社會活動的機會，是建立良好的社會行爲及人際關係的基礎。

四、嬰幼兒人格發展與保育

（一）人格的意義

人格（personality）是個人對人、對己、對事物等各方面適應時，於其行爲上所顯示的獨特性（張春興，1983）；這種獨特性，是由個人在遺傳、環境、成熟、學習等因素交互作用下，所表現於身心各方面的特質所組成，而這些特質又具有相當的統整性與持續性。包括四個重要概念：

1. 獨特性：每個孩子都是世界上獨一無二的個體，其人格發展都有其獨特性，即使是雙胞胎也會有不同的人格特質。
2. 複雜性：個體的人格發展可以分爲表面特質及內在特質，這些特質都會受到遺傳、環境、學習的影響，每個人的人格都有其複雜性。
3. 統整性：就是因爲人格有其複雜及多元性，所以需要協調一致而整合的發展，所以人格是很多特質的整合。
4. 持續性：又稱爲固定性，年齡愈小的幼兒愈容易受到外界的影響而形塑其人格，而年紀愈大就不容易改變其人格特質，所以俗話說：「江山易改，本性難移」，就是說明了人格一但形成就不容易改變了。

（二）幼兒人格發展理論

1. 佛洛依德（SigmundFreud）的人格發展論：

(1) 人格結構：

類型	別稱	來源	功能	支配原則
本我	生理的我	與生俱來	追求立即的生理需求與滿足，避免痛苦。	唯樂原則
自我	心理的我	由本我分化	調整自己的行爲以適應環境。解決本我與超我的衝突。	現實原則

類型	別稱	來源	功能	支配原則
超我	社會的我 理想的我	由自我分化	監察本我與自我。純屬後天社會環境的作用，個人在社會化的歷程中，將社會規範、道德標準、價值判斷等內化之後形成的結果。	道德原則

(2) 人格發展階段：佛洛依德是個本能決定論者，強調性是驅動人格發展的動力，佛洛依德認爲個人人格的基本結構大致在 6 歲以前即已形成，其人格發展階段理論如下表：

分期	年齡	行為特徵
口腔期	出生～ 1 歲	嬰兒從口腔活動獲得快感。如：吸吮。受唯樂原則所支配。由口腔的滿足與否所形成的各種性格，佛氏稱爲「口腔性格」。
肛門期	1 ～ 3 歲	訓練幼兒控制大小便時期。若母親對幼兒大小便的訓練過嚴且過早，會造成幼兒過分乾淨及注意小節、固執、小氣等人格特徵，佛氏稱之爲「肛門性格」。
性器期	3 ～ 6 歲	性器官成爲獲取快感的中心。性別認同、戀父戀母情結的行爲產生。男孩十分愛戀自己的母親轉變爲認同父親。
潛伏期	6 ～ 12 歲	性衝動暫停直到青春期，超我逐漸發展。活動範圍擴大，因此將愛父母的衝動轉向對環境中各事物的愛好。遊戲或團體活動時性別壁壘分明，由同性中習得社會化。
生殖期 （兩性期）	12 ～ 60 歲	青春期的開始。性的需求對象爲異性。性心理發展即告成熟。

2. 艾瑞克遜（ErikErikson）的心理社會發展論：艾瑞克遜認爲人格發展是個人與社會交互作用，以解決衝突的整個人生歷程，因此社會與教育對個人人格的影響很大。前階段的危機仍可透過環境與教育而改變，已解決的危機也有可能在後階段中出現，其發展理論整理如下表：

分期	年齡	發展任務	發展特性	重要關係人物
嬰兒期	0～1歲	信任感／不信任感	· 生理需求如獲得滿足，會產生信任感與自信心；反之則無法建立對外界的信任。 · 一個母性角色給予持續不變、充滿愛心的照顧，是發展信任感不可或缺的。 · 6個月起對陌生人有認生感，稱爲「陌生人焦慮」。	母親或母親代理人
幼兒期	1～3歲	自主性／羞恥與懷疑	· 此階段兒童不再依賴成人，而試著練習新學的技能，並發展自主性。 · 此時對周遭環境的探索若獲得鼓勵與讚賞，則無形中會增加其信心而養成自主的心理。 · 脫離尿布、大小便訓練爲幼兒期重要的課題：大便訓練通常1.5歲可以完成；小便訓練（白天）2.5～3.5歲完成。 · 幼兒期任性、喜歡說「不」，來滿足自主之需求（第一個反抗期），充滿反抗及固守儀式的行爲。 · 假如阻撓這個年齡的小孩去做他能做的事或強迫他做一些他做不來的事，都可能使他產生對自我的羞恥與懷疑。	父母親

分期	年齡	發展任務	發展特性	重要關係人物
學齡前期	3～6歲	進取性/罪惡感	‧ 特徵是活潑、多管閒事、冒險進取，以及豐富的想像力。 ‧ 開始能做計畫並執行之，加上父母的鼓勵，有助於兒童發展自動自發。 ‧ 假如他們感覺自己的行動或想像的事件不好時，就會產生罪惡感。	家庭內的成員
學齡期	6～12歲	勤勉/自卑	‧ 學齡期兒童都在求學階段，集中精力以追求知識技能，同時也發展社交的技巧，如果成就能受到肯定，兒童就可發展出勤奮感。 ‧ 若在學習過程中遭受太多的挫折或困難，以致不能達到期望的成就時，就會發展出能力不足和自卑感。	同學、鄰居
青少年期	12～20歲	角色認同/混淆	‧ 發展特色爲角色認同。 ‧ 個體所面對的任務是發現自己是誰、並規劃自己未來的人生走向。青少年會面臨許多新的角色及成年人的狀況。 ‧ 如果青少年的角色認同是被父母親所強迫，或個體本身沒有充分探索許多角色進而規劃出一條正向的未來路徑，就會產生認同混淆，影響其適應與人際關係。	同齡友伴及所崇敬的對象
青年期	20～40歲	親密感/孤立感	‧ 青年期爲成年早期，主要在發展親密感之需要，亦即發展與他人親密感的愛情關係之能力，以及與朋友、同伴等之間親密的人際關係之能力。 ‧ 如果青年能與別人建立健康的友誼，以及親切緊密的關係，親密感就可以達成；否則可能會產生孤立感。	同性與異性朋友

分期	年齡	發展任務	發展特性	重要關係人物
中年期	40～65歲	生產/停滯	・中年期主要發展是創造和照顧下一代，撫養和教育子女，個人投注在工作上的精力增加，個人的事業也可能正爬向高峰，從中獲得成就感與尊重。 ・若受挫可能變得固執己見和對各種關注停滯不前。當子女漸長大，面臨家庭空巢期，需重新調整家庭生活，否則易產生「中年危機」。	家人與同事
老年期	65歲以上	自我統整/絕望	・面臨退休年齡到人生終點。 ・如果在回顧一生時，能以自己所完成的人生爲榮，感到滿足，沒有牽掛，沒有遺憾，則達到統合階段。 ・如果回顧時，只是一直惦記著一些錯失的機會或無法釋懷的怨恨，那麼就會感到痛苦與絕望。	同胞與全人類

五、嬰幼兒情緒發展與保育

(一) 情緒的意義與重要性

情緒是刺激引起，是個體主觀的感受，其表現是身心全面性的變化。幼兒期是情緒表現最強烈時期，也是人類情緒發展的主要時期。情緒影響人的健康、智能、動作技能、社會行爲、人格、語言。從幼兒的行爲通常可以瞭解其情緒反應。

情緒困擾的幼兒行爲特徵：坐立不安、口吃、咬指甲、抓頭髮。在生活中，多與孩子分享感受，將有助幼兒情緒的表達。5、6歲以前的情緒發展是奠定個體行爲及人格的基礎。幼兒情緒的發展：

1. 嬰兒期基本情緒的分化多受成熟因素的影響；複雜的成人情緒則因學習而來。
2. 影響情緒發展的成熟因素，主要爲神經系統的成熟和內分泌腺的成熟（如：腎上腺）。
3. 布雷吉士（Katherine Bridges）發現新生兒的情緒爲興奮、恬靜。
4. 華森（JohnB.Watson）認爲新生兒情緒爲懼怕、憤怒、親愛。

（二）情緒的分化

成熟與學習是影響情緒發展因素，幼兒情緒發展由籠統到分化，布雷吉士的理論中，情緒分化之趨勢爲（圖 3-6）：

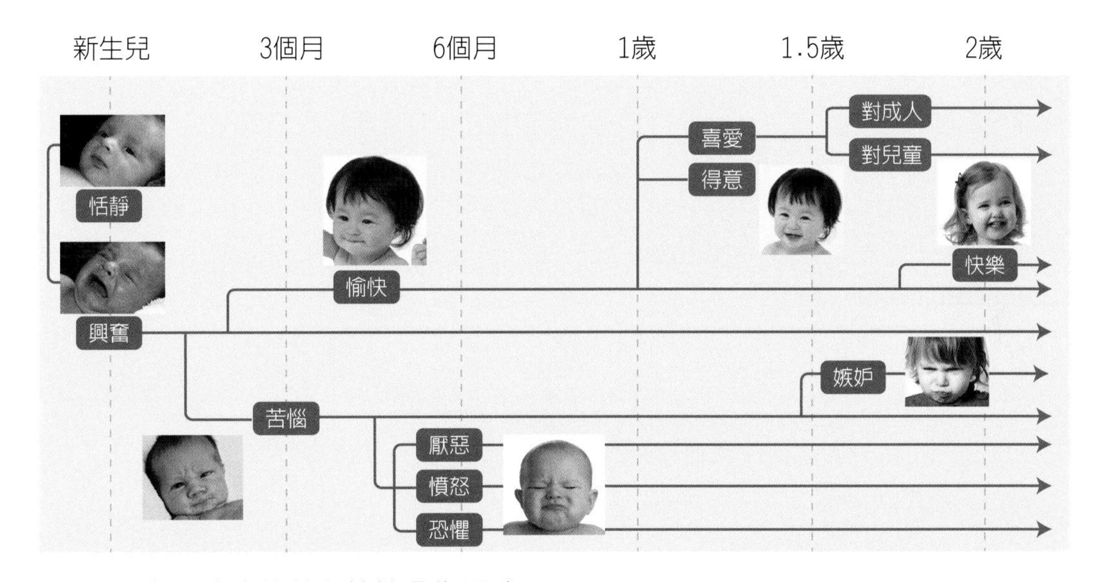

圖 3-6 布雷吉士的幼兒情緒分化理論

1. 第一個分化的情緒是苦惱，約出現在出生後 1 個月內，最常表現的方式是啼哭、手腳齊舞。
2. 出生後 3 ～ 6 個月，苦惱的情緒再分化爲厭惡、憤怒及恐懼三種情緒。近 18 個月時再分化出嫉妒情緒。

3. 第二個分化的情緒是愉快，約在出生後 3 個月產生。

4. 出生 6 ～ 18 個月，愉快的情緒再分化爲得意與喜愛。得意的對象是物品；喜愛的對象是人，先喜愛成人，再喜愛兒童。

5. 快樂的情緒在 1.5 ～ 2 歲之間，由愉快的情緒分化出來。

（三）情緒發展的學習方式

1. 直接經驗。

2. 古典制約學習（交替學習）。

3. 刺激類化：刺激與反應間發生聯結之後，類似的刺激也將引起同樣的反應。如：一朝被蛇咬，十年怕草繩。

4. 嘗試錯誤（工具制約、操作制約）：幼兒以嘗試錯誤的方法來學習表達情緒，如此反覆數次，正確有效反應增加；錯誤無效反應減少。

5. 模仿與暗示。

（四）情緒的種類

嬰幼兒一般情緒發展包括：愛、依戀、憤怒、恐懼、害羞、嫉妒。

1. 愛：

   (1) 嬰兒最早對愛的反應：仰臥微笑、注視母親、揮動雙手作擁抱狀。

   (2) 父母的愛是影響嬰幼兒發展愛的情緒最主要原因。

   (3) 愛的情緒發展過程：自戀期（出生～ 6 個月）→愛成人期（6 個月～ 7 歲）→同性愛期（8、9 ～ 12 歲）→異性戀期（青春期後）。

   (4) 失愛的反應：攻擊、馴服、抬高身價、殘酷。

2. 依戀（依附）：尋求與他人保持親密的傾向，其行爲發展分爲三階段：

階段	年齡	特徵
無差別反應階段	出生～ 3 個月	對任何人都喜歡凝視與微笑。
有選擇性反應階段	3 ～ 6 個月	選擇對熟悉的人微笑。
積極想和照顧者接近階段	6 個月～ 3 歲	極在意依戀對象的存在。依戀對象離開，會有分離焦慮的反應，開始害怕陌生人，分離焦慮在出生後 6、7 個月開始，2 歲達到高峰。

3. 憤怒：

(1) 3 歲時發脾氣的次數與強度，男女童無差別。

(2) 3 ～ 4 歲是幼兒憤怒發展的高峰期，到了 5 歲以後逐漸穩定。

(3) 助長嬰幼兒憤怒的原因：嬰幼兒生理狀態不佳、身體活動受阻礙、模仿與暗示、所有權被侵犯、能力不及等。

(4) 憤怒的輔導方法：忽視法、轉移注意力、避免引起憤怒的刺激、父母的管教態度要一致、瞭解嬰幼兒的生理狀況、父母本身要能克制情緒。

4. 恐懼：

(1) 恐懼情緒約在 6 個月開始發展，過程：怕環境中的具體事物→怕想像的危險、黑暗、鬼怪→怕失敗。

(2) 嬰兒最常見的恐懼是怕生（害羞），表現方式多是大哭或躲藏。

(3) 影響嬰幼兒恐懼的因素有：智力、性別、人格、身體狀況、家庭社經地位、出生別等。

(4) 或讚許、增添孩子對恐懼背景的瞭解。

5. 害羞：

(1) 害羞是恐懼的一種形式。

(2) 正常的害羞期是在 6 個月～ 1 歲，稱爲「認生期」。

(3) 持續性害羞會使幼兒形成恐懼，也會產生類化性的恐懼，阻礙探索環境的機會、抹煞創造力的發展，最後形成「自卑」性格。

6. 嫉妒：

(1) 嫉妒是由愛、憤怒、恐懼三種情緒結合而成。

(2) 在 18 個月時，由苦惱分化而來。

(3) 3 ～ 4 歲及青年期是嫉妒出現的最高峰。

(4) 嫉妒的反應：攻擊行爲、退化行爲（個體遇挫折時所表現行爲較其年齡應有的行爲幼稚）。

六、嬰幼兒創造力發展與保育

（一）創造力的意義

創造力是指在原有的現況中，能有新的觀念、新的想法，超越既有經驗，突破舊有的限制，形成嶄新觀念的心理歷程。不受成規限制，而能靈活運用經驗以解決問題的能力。

1. 創造力是心理歷程：以華萊斯（Graham Wallas）最具代表性。

(1) 準備期：事前先分析確立問題，閱讀蒐集有關資料，分析前人經驗等準備工作。

(2) 醞釀期：先將問題的解決方法擱置，但潛意識仍繼續思考解決方法。

(3) 豁朗期：在沒有預期的情況下突然的頓悟，瞭解問題的關鍵點。

(4) 驗證期：將所構思的觀念及方法加以實施，驗證其可行性。

2. 創造是思考能力：以擴散性思考能力爲基本能力。

(1) 敏覺力：對問題的敏感度，發現問題的敏感度。

(2) 流暢性：思路極爲迅速暢達，又稱多產性，即數量愈多愈好，包含文字與觀念的流暢性。

(3) 變通性：指思路變化快速，能很快的改變思路，即思考方式變化多端，思考的類別愈多愈好。如：「舉一反三」、「觸類旁通」、「聞一知十」。

(4) 獨創性：指想法、反應的獨特性，能想出與眾不同的新觀念，對事物有超常的獨特見解。

(5) 精進性：能夠在原來的基本觀念再加上新觀念，增加細節，精益求精的能力。

（二）創造力的重要性

1. 能增加幼兒的學習興趣與樂趣。

2. 能強化幼兒的思考能力。

3. 能增添生活情趣，有助於人格和社會的適應。

4. 能滿足幼兒的自我表現。

（三）影響創造力發展的因素

1. 個人方面：

(1) 人格特質：美國學者威廉氏（FrankWilliams）認爲創造的心理特質是好奇心、冒險心、挑戰心、想像力。

人格特質	說明
好奇心	對於任何事，都感到新鮮，喜歡追根究柢，以求徹底的瞭解。
冒險心	對於任何事，勇敢嘗試，不怕失敗與批評。
挑戰心	碰到一件事，縱使成功率不高，也願意試一試。
想像力	腦子裡充滿奇特、新奇的想法。

(2) 性別：陶倫斯（EllisPaulTorrance）認爲創造力表現與性別無多大關係，主要在於社會習慣上對角色功能認識的偏差。女孩較依賴故較順從，而男孩較獨立與冒險心，因而創造的機會較多。

(3) 智力：

① 陶倫斯主張智力特高者未必具有特高的創造力，但創造力高的兒童必須是智力中上者，二者之間存有正相關。

② 智力受遺傳因素影響較大，可變性小。創造力受環境因素影響較大，可變性大，可經由教育的方法培育。

③ 發揮創造力之前必先獲得足夠的基礎知識，且這些知識須經重整、組織後才可能會有創新的產品。

2. 家庭方面：

(1) 社經地位高的家庭、小家庭的孩子，其創造力有較高傾向。

(2) 出生序：老大的創造力不及中間兒及老么、獨子。

3. 學校方面：學齡前期是創造發展的關鍵期，幼兒園的課程安排、老師的態度、觀念，都會影響幼兒創造力的發展。

4. 社會方面：不當的社會價值觀、社會示範都會影響幼兒的創造力。

第三節 嬰幼兒常見疾病的預防與照顧

嬰兒在6個月後，來自母親的抗體逐漸消失，加上身體各方面器官尚未發展成熟，自體免疫力較差，很容易受到疾病感染，因此主要照顧者須學習嬰幼兒常見疾病的預防與照顧技巧，減低疾病對嬰幼兒的傷害。

一、發燒

身體產熱增加或散熱不良，都會使體溫上升：孩童常因感染各種疾病出現發炎反應時，也會致使體溫上升。

（一）症狀

人體正常體溫約在肛溫37℃左右，當體溫高於38℃以上時便是發燒。

（二）預防照顧方法

1. 發炎反應引起的發燒，如果體溫並未太高或有不舒服狀況，並不需要積極退燒，當溫度超過38℃以上時就可以考慮退燒。
2. 退燒可分爲物理退燒法（包括冰枕或散熱貼片），與化學退燒法（包括口服、肛門塞劑、注射退燒藥）等兩種方式。
3. 注意水分和電解質的補充。

二、過敏性鼻炎

大部分是環境（和環境清潔和濕度有關，尤其是塵蟎），以及個人遺傳體質（例如：對食物或環境中的某種物質產生過敏反應）所造成。

（一）症狀

發作時常見的四大症狀有連續性打噴嚏、流鼻水、鼻塞及鼻癢，另外患者也常因張口呼吸、嗅覺失靈、鼻竇炎或中耳炎導致容易疲倦或無法集中注意力，造成生活上長久的困擾。

（二）預防照顧方法

1. 平日要多注意打掃維持居家清潔，避免讓孩子暴露在充滿過敏原的環境。
2. 盡量哺餵母奶 4 ～ 6 個月以上，可有效預防嬰幼兒過敏的發生。
3. 經常補給健康的生益菌或乳酸菌營養品，抑可有效改善過敏體質。
4. 不應太早讓嬰幼兒食用含高量過敏原的食物（如牛奶或蛋），應多攝取新鮮食物。
5. 控制飲食，保持均衡營養，維持適度運動。

三、小兒氣喘

氣喘是幼兒最常見的慢性疾病之一，是一種呼吸道的慢性發炎疾病，主要成因爲遺傳體質及接觸外在環境中的過敏原。

（一）症狀

慢性咳嗽，出現喘鳴咻咻聲，呼吸困難及胸悶等，通常發生在睡覺時、快天亮時、剛睡醒時或是運動的時候。

（二）預防照顧方法

1. 良好的環境加上適當的藥物治療，積極的與醫護人員配合預防治療。
2. 幼兒要維持正常的規律生活及運動。
3. 新生兒於出生後的六個月內，最好餵食母奶，注意飲食營養均衡。

4. 儘量減少接觸塵蟎、貓狗等寵物、二手菸等，這些都有助於預防過敏疾病的產生。

四、腸病毒

是一群病毒的總稱，通常在夏季、初秋流行，台灣因為在亞熱帶故全年皆有感染的可能性。病毒經由直接或間接或飛沫接觸而傳染，且在患童的喉嚨與糞便皆會有病毒的存在。

（一）症狀

病毒感染後約 2 ～ 10 天才會出現症狀，典型症狀為口腔、手掌、腳掌出現水泡或潰瘍，可能合併發燒，病程為 7 ～ 10 天。

（二）預防照顧方法

1. 目前腸病毒中，除了小兒麻痺病毒以外，沒有疫苗可以預防，所以勤洗手、保持良好個人衛生習慣，是預防的基本方法。
2. 若出現不尋常的嗜睡、昏迷、頸部僵硬、抽慉時，則應盡速就醫。
3. 流行期間避免出入公共場所，不要跟疑似病患（家人或同學）接觸。
4. 注意環境衛生與通風。
5. 增強個人之免疫力，並注意均衡飲食與運動。

五、腹瀉

造成的原因很多，可能是因感染引起腸胃炎、吃入不潔食物和水、奶瓶消毒不當、牛奶濃度不對、飲食過量或精神緊張等。

（一）症狀

排便次數明顯增加、大便成糊狀或水狀，以及大便顏色變成綠色、氣味酸臭等。

（二）預防照顧方法

1. 飯前、如廁前後用肥皂洗手，養成良好的衛生習慣。大便後用溫水洗淨，保持臀部清潔乾燥，避免紅臀產生。
2. 注意奶瓶消毒及牛奶沖泡方法。
3. 輕度腹瀉時可以禁食 6 ～ 8 小時，之後補充一些水分或運動飲料。給予清淡食物，如白稀飯或土司。若是餵食牛奶的寶寶，可將牛奶濃度改成二分之一。待排便情況改善後，再慢慢恢復原來的進食狀況。重度腹瀉時必須到醫院就診。
5. 注意排泄物及換洗衣物的處理，預防傳染他人。

六、流行性感冒

流感病毒依抗原不同分成 A、B、C 三型，僅 A 型和 B 型會造成流行，是因病毒引起的上呼吸道發炎。

（一）症狀

發燒、頭痛、喉嚨痛、鼻塞等，嚴重時會有腹瀉、肺炎等症狀。

（二）預防照顧方法

1. 每年施打流感疫苗，可預防 A 型和 B 型流感。
2. 勤洗手，平時要維護環境清潔，培養良好的衛生習慣。
3. 出入公共場所配戴口罩。
4. 均衡營養，多運動，增強抵抗力。

七、泌尿道感染

是從腎臟、輸尿管、膀胱到尿道的各種感染、發炎症狀，嬰幼兒泌尿道的發育尚未成熟，很容易受到細菌侵襲而導致感染。

（一）症狀

發燒是泌尿道受到感染時最常見的症狀，年齡不同，表現出來的症狀也有些微差異，提早發現才能適時防止病情惡化。

（二）預防照顧方法

1　攝取足量水分，每日攝取足夠的水分，可增加排尿機會，可減少泌尿道感染機會。

2　勤換尿布，購買尿布時應選擇吸水力強大、透氣，每 2 ～ 4 小時更換一次尿布。

3. 如廁後正確擦拭：不論是解便或排尿，正確的擦拭方式應該由前往後，可避免將肛門口的細菌帶往尿道口。

4. 外生殖器保持清潔：男童陰莖包皮只需做好局部清潔即可，幫女寶寶做陰部清潔時，洗淨尿道口及陰道出口。

八、尿布疹

嬰幼兒長期包覆尿布造成的非過敏性皮膚疾病，主要是因爲尿液和糞便的刺激引起的皮膚炎，是嬰幼兒常見的皮膚病。

（一）症狀

尿布包覆處出現皮膚發紅現象，也會有紅色丘疹及小膿泡，嚴重時會疼痛、潰爛。

（二）預防照顧方法

1. 保持嬰幼兒臀部通風、乾燥、乾淨、清爽。
2. 每 1 ～ 2 小時檢查嬰幼兒尿布，經常更換尿布。
3. 便後可用中性肥皂或溫水清洗臀部，或用不含香料、無刺激性的溼紙巾擦拭。
4. 症狀持續惡化時，應立即就醫接受治療。

九、鵝口瘡（口腔念珠菌）

嬰幼兒常見的口腔黏膜感染，主要是由白色念珠菌引起，通常是因爲奶瓶、奶嘴等器具不乾淨，餵食者手部汙染所引起，或是出生時經過產道受到母親會陰區的念珠菌感染。

（一）症狀

最常出現在嬰幼兒的舌面，軟硬顎及內頰處會出現很像奶垢的瘡斑，鵝口瘡很難清除，用力清除時，嬰幼兒會非常疼痛，甚至會有出血現象。

（二）預防照顧方法

1. 注意哺乳器具的清潔與消毒，餵食母乳的母親要保持乳頭的清潔，餵奶前要將雙手洗淨。
2. 營養均衡，增強幼兒抵抗力。
3. 就醫時，醫生通常會提供抗黴菌藥物。

十、便祕

當幼兒未適當攝取蔬菜水果纖維、水分攝取不足或運動量不足，而造成排便次數減少，糞便在大腸停留時間過長，水分被吸乾，造成糞便乾硬，因此幼兒會排便困難。

（一）症狀

排便次數減少，會因爲糞便過硬而造成幼兒排便困難，會有腹部疼痛或煩躁不安、食慾不振等症狀。

（二）預防照顧方法

1. 均衡營養，讓幼兒多攝取蔬菜、水果等含膳食纖維的食物。
2. 多喝水，增加水分的攝取可以改善便秘症狀。
3. 養成良好的排便習慣，固定排便時間。
4. 鼓勵幼兒多運動可以增加腸胃蠕動，有利排便。
5. 症狀嚴重時需就醫治療。

第四節　幼保相關行業介紹

一、托嬰育兒

1. 托嬰中心：照顧出生滿 1 個月至未滿 2 歲之嬰幼兒，給予照顧及保育的工作。

2. 保母：保母的托育工作，兼具母親與教師的角色，可延續或補充家庭服務功能，可以讓嬰幼兒在家庭一樣的環境長大，並建立生活常規。

(1) 工作環境：可至育嬰機構、托嬰中心、坐月子中心等擔任保母工作。

(2) 保母資格：

① 取得保母人員技術士證。

② 高級中等以上學校幼兒保育、家政、護理相關學程、科、系、所畢業。

③ 修畢保母專業訓練課程且領有結業證書。

④ 非相關科系畢業者，須修畢保母訓練課程，並取得保母人員技術士證。

二、幼兒教師及教保員

幼兒教育及照顧法於 100 年 6 月 10 日通過，幼托整合於 101 年 1 月 1 日起上路，幼稚園與托兒所將改制整合為幼兒園，全部歸教育部門主管，未來幼兒園師資資格如下：

1. 幼兒園教師：幼兒園教師應依師資培育法規定取得幼兒園教師資格。幼兒園教師資格於師資培育法相關規定未修正增訂前，適用幼稚園教師資格之規定。

2. 幼兒園教保員：國內專科以上學校或經教育部認可之國外專科以上學校幼兒教育、幼兒保育相關系、所、學位學程、科畢業。國內專科以上學校或經教育部認可之國外專科以上學校非幼兒教育、幼兒保育相關系、所、學位學程、科畢業，並修畢幼兒教育、幼兒保育輔系或教保學程。

3. 幼兒園助理教保員：國內高級中等學校幼兒保育相關學程、科畢業。國內高級中等學校非幼兒教育及幼兒保育學程、科畢業，並修畢助理教保員課程。

三、幼兒相關產業

1. 文創藝術類：幼兒圖畫書、雜誌、幼兒相關出版品、兒童劇團、兒童電視、廣播節目、兒童相關文教基金會等。
2. 才藝安親類：音樂、體能、藝術、舞蹈、益智等才藝教師，安親課後輔導教師。
3. 商業設計類：玩具及兒童用品研發設計，自行創業開設婦幼相關產品，或幼兒相關事業，例如：兒童職業體驗中心、體能遊戲館等。
4. 社會服務類：社會文化或兒童福利工作。

重點摘要

3-1 嬰幼兒生理發展與保育

1. 發展（Development）是指個體從生命形成到死亡的一連串身心發展變化歷程。

2. 心理學家赫洛克（Elizabeth Hurlock）提出的發展變化分為：大小的改變、比例的改變、舊特徵的消失、新特徵的獲得。

3. 個體發展的一般性原則：連續性與階段性、不平衡性、方向性（相似性）、個別差異性。

4. 身高體重的發展與保育：新生兒身高正常範圍大約在 45 ～ 55 公分之間；體重正常範圍在 2.5 ～ 4.0 公斤之間。

5. 頭、胸及骨骼的發展與保育：

名稱	別稱	位置	形狀	閉合時間
大囟門	前囟門	前面	菱形	12 ～ 18 個月
小囟門	後囟門	後面	三角形	6 ～ 8 週

6. 嬰幼兒的大肌肉發展約 3 歲完成，故幼兒期應以全身性之大肌肉發展為主，小肌肉的發展宜在 6 歲以後才做精細動作。

7. 新生兒未滿 1 歲前，即應進行首次牙齒檢查，之後每半年定期檢查一次。在嬰幼兒飲用水中加入 1ppm 以下的氟，可以減少齲齒。

9. 胎兒時期就已經有聽覺，幼兒感官發展最慢的是視覺。

10. 個體愈年幼，成熟因素對行為的支配力愈大（如：嬰兒的坐、爬、站、走就受成熟的限制）；長大後則以學習因素佔優勢（如：彈琴、舞蹈有賴學習或訓練）。

11. 動作發展有個別差異與性別差異，女童的骨骼發展、肌肉控制、書寫方面大致優於男童。

3-2 嬰幼兒心理發展與保育

1. 庫克（Cook）將幼兒繪畫發展分為五期：塗鴉期（出生～2 歲）、象徵期（2～3 歲）、前圖式期（3～5 歲）、圖式期（5～8 歲）、寫實期（8 歲以後）。

2. 幼兒語言發展的歷程：

準備期	第一期	第二期	第三期	第四期
先聲時期	單字句期	雙字句期（電報句期）	造句期	好問期
出生～1 歲	1～1.5 歲	1.5～2 歲	2～2.5 歲	2.5～3 歲

3. 認知發展階段論：

感覺動作期	準備運思期		具體運思期	形式運思期
出生～2 歲	2～4 歲（運思前期）	4～7 歲（直覺期）	7～11 歲	11 歲以後

4. 幼兒期是情緒表現最強烈時期，也是人類情緒發展的主要時期。5、6 歲以前的情緒發展是奠定個體行為及人格的基礎。

5. 情緒發展的學習方式：直接經驗、古典制約學習、刺激類畫、嘗試錯誤、模仿與暗示。

6. 嬰幼兒一般情緒發展包括：愛、依戀、憤怒、恐懼、害羞、嫉妒。

7. 嬰兒期（出生～2 歲）是社會行為的準備期，最早且最常和嬰兒有社會行為互動的對象是母親或是主要照顧者。嬰兒期社會行為的特徵：膽怯與怕羞、模仿、競爭、合作、反抗、依戀。

8. 佛洛依德（Sigmund Freud）的人格人格結構：本我、自我、超我。

9. 艾瑞克遜的心理社會發展論：信任與不信任（嬰兒期，出生～ 1 歲）、自主與羞辱感（幼兒期 1 ～ 3 歲）、主動與內疚（遊戲期 3 ～ 6 歲）、勤奮與自卑（學齡期 6 ～ 12 歲）、自我認同與認同混淆（青少年期 12 ～ 18 歲）、親密與孤立（青壯年期 18 ～ 30 歲）、繁衍與停滯（壯年期 30 ～ 60 歲）、自我統整與絶望（老年期 60 歲～死亡）。

10. 創造是思考能力：以擴散性思考能力為基本能力，包含：敏覺力、流暢性、變通性、獨創性、精進性。

11. 創造力的表現方式：泛靈論、戲劇性遊戲、建構遊戲、假想的玩伴、善意的謊言、白日夢。

3-3 嬰幼兒常見疾病的預防與照顧

1. 人體正常體溫約在肛溫 37℃左右，當體溫高於 38℃以上時便是發燒。

2. 鵝口瘡是嬰幼兒常見的口腔黏膜感染，主要是由白色念珠菌引起。

3. 腸病毒是一種濾過性病毒，毒好發於夏、秋之際，主要的症狀為發燒，手足口症，上呼吸道疾病，皮膚出現疹子、水泡與腸胃道症狀。

3-4 幼保相關行業介紹

1. 幼兒教師及教保員：幼兒教育及照顧法於 100 年 6 月 10 日通過，幼托整合於 101 年 1 月 1 日起上路，幼稚園與托兒所將改制整合為幼兒園，全部歸教育部門主管。

請沿虛線撕下

課後評量

範圍：第三章

班級：__________ 座號：______ 姓名：__________

評分欄

一、選擇題（每題 4 分）

( ) 1. 心理學家赫洛克提出的發展變化中，下列敘述何者為非？ (A) 重量的改變 (B) 比例的改變 (C) 新特徵的獲得 (D) 舊特徵的消失。

( ) 2. 幼兒在認知發展階段中，常會憑直覺判斷事情，思考方式不合乎邏輯，是哪一階段的特徵？ (A) 感覺動作期 (B) 運思預備期 (C) 具體運思期 (D) 形式運思期。

( ) 3. 就佛洛伊德的人格發展理論中，是「社會的我和理想的我」是下列哪一個人格結構？ (A) 本我 (B) 自我 (C) 超我 (D) 以上皆非。

( ) 4. 幼兒說：「爸爸…車車…玩！」斷斷續續、用字簡略，又稱「電報句」的為嬰幼兒語言發展的哪一個階段？ (A) 單字句期 (B) 雙字句期 (C) 造句期 (D) 好問期。

( ) 5. 幼兒在認知發展歷程中，當幼兒能知道貓的叫聲不是「汪汪」，並能分辨貓和狗的差異性，此歷程稱為 (A) 基模 (B) 調適 (C) 同化 (D) 平衡。

( ) 6. 有關幼兒牙齒發展下列敘述何者正確？ (A) 約 6-9 個月長第一顆乳牙，先從上門牙開始長 (B) 大約 2.5-3 歲以前全部長齊乳牙 (C) 之後每一年定期檢查一次牙齒 (D) 為了減少齲齒可以在嬰幼兒飲用水中加入 3ppm 以下的氟。

(　　) 7. 在嬰幼兒感覺系統中，最先發育的感官知覺？ (A) 聽覺 (B) 觸覺 (C) 味覺 (D) 視覺。

(　　) 8. 有關腸病毒的敘述下列何者錯誤？ (A) 好發於夏季和初秋 (B) 是一種濾過性病毒 (C) 流行期間盡量避免出入公共場所 (D) 目前有疫苗可以預防。

(　　) 9. 有關一般嬰幼兒的動作發展順序，下列何者正確？ (A) 坐→翻身→爬→站→走 (B) 翻身→坐→爬→站→走 (C) 爬→翻身→坐→站→走 (D) 坐→爬→翻身→站→走。

(　　) 10. 當體溫高於幾度以上便是發燒？ (A)37℃ (B)38℃ (C)37.5℃ (D)38.5℃。

(　　) 11. 嬰幼兒常見的口腔粘膜感染 (鵝口瘡)，主要由下列何種病菌引起？ (A) 白色念珠菌 (B) 腸病毒 (C) 流感病毒 (D) 大腸桿菌。

(　　) 12. 依據艾瑞克遜的心理社會發展論，3 ～ 6 歲爲甚麼時期？ (A) 信任與不信任 (B) 勤奮與自卑 (C) 主動與愧疚 (D) 自主與羞辱感。

(　　) 13. 有關泌尿道感染的預防照顧方法，下列何者錯誤？ (A) 每日攝取足夠的水分可增加排尿機會 (B) 勤換尿布、每 2-4 小時更換一次尿布 (C) 不論是解便或排尿，正確的擦拭方式爲由後往前 (D) 外生殖器須保持清潔。

(　　) 14. 美國學者威廉氏認爲創造的心理特質，下列何者爲非？ (A) 冒險心 (B) 挑戰心 (C) 想像力 (D) 以上皆非。

請沿虛線撕下

(　　) 15. 有關囟門的大小和閉合時間敘述，下列何者正確？ (A) 前囟門閉合時間爲 12-18 週 (B) 後囟門閉合時間爲 6-8 週 (C) 前囟門呈三角形 (D) 後囟門呈菱形。

二、填充題（每格 4 分）

1. 皮亞傑將個體的認知發展分成：感覺動作期、________、________、________。

2. 依依據心理學家佛洛伊德提出的人格發展理論有：口腔期、________、________、潛伏期、生殖期。

三、簡答題（每題 10 分）

1. 創造力是思考能力，有哪五種特性？

2. 請寫出孩童感覺系統的發展，有哪五種？

4

Chapter

禮儀

1. 瞭解禮儀的意義與重要性
2. 學習日常生活禮儀的規範
3. 妥善運用「禮儀」於日常生活

我國自古以來就有「禮儀之邦」的美譽，擁有豐富的禮儀文化資產。然而一個現代化國家國民要有怎樣的禮節修養呢？禮儀的範圍很廣，包含：禮節、典禮和禮貌，在日常生活中，人際的互動，社會秩序的維持，國家的和諧都與禮儀有關，本章分別就日常生活禮儀及社交禮儀做簡單的說明介紹，期許大家都能成爲一位知書達禮的好國民。

第一節　禮儀的意義與重要性

一、禮儀的意義

「禮儀」一詞最早是作爲典章制度及道德教化之用，「禮」代表隆重、充滿敬意的儀式，或者表示禮貌及秩序，「儀」則是指行禮之儀式。所謂禮儀，是指人們在進行人際互動中共同約定俗成的社會規範，反映著社會文明的程度，具有穩定社會秩序、協調人際關係的功能。

整體而言，禮儀素質教育需要從不同層面、不同方式來進行，透過家庭、學校以及社會共同努力，才能成爲眞正的禮儀之邦。禮儀的範圍如下：

禮節	指人際互動應對中的禮節，例如：婚、喪、喜慶、宴會、拜訪等。
禮貌	指對人的態度，表現在日常生活中的修養。
典禮	指各項正式典禮行禮之儀式。

二、禮節的重要性

禮儀代表著社會人際互動中的行爲規範與準則，「禮儀教育」展現著一個國家的文明程度。透過禮儀教育，教導人們在日常生活中，充實自己的涵養與氣質，不斷提升公民素質，以促進和諧社會建設。禮儀的重要性可分爲以下三個層面：

1. 個人面：代表個人的生活態度、學識修養、氣質涵養及個人形象。
2. 職場面：代表公司整體形象及品牌聲譽。
3. 國家面：可以做爲評估國家人民素養的準則。

第二節　日常生活禮儀

一、食的禮儀

（一）一般餐廳禮儀

1. 食物烹調力求衛生，餐盤廚具務必要乾淨清潔。
2. 須等待侍者帶位，切勿自行入座。
3. 女士優先入座，男士須先幫女士拉開椅子，待女士入座後再行入座。
4. 用餐時坐姿要端正，使用餐具不宜碰撞發出聲響。
5. 用餐時肘臂不可張開，以免妨礙鄰座用餐的人。
6. 與長輩同桌共餐，長輩未開動前，晚輩不宜先用餐。
7. 應以食物就口，勿以口就食物。

8. 盤內食物以吃完爲佳，較合乎禮節，但也不宜勉強爲之。

9. 應待口中食物完全吞嚥後，再進食。

10. 在公共場所用餐，與同席者談話，宜低聲細語，不可喧嘩。

11. 口內的魚骨、其他骨刺或果核自口中取出時，應以手遮口，然後放在盤子裡，勿直接吐在餐盤或桌子上。

12. 用餐時，補妝要到化妝室，避免在眾人面前補妝。

13. 席間有事須先行離席，應向主人及同席者致意。

14. 用餐時應儘量避免打噴嚏、咳嗽、呵欠、擤鼻涕。若是無法避免，應速以手帕或餐巾遮掩。

（二）中餐禮儀

1. 中餐餐具習慣爲公筷母匙，切不可於用餐時取爲己用。

2. 不宜當眾剔牙，必要時應用牙籤並且須掩蔽。

3. 拿取菜肴時，應取靠近自己者，禁用筷子撥、點、挑菜餚，或是以筷子當工具把碗、盤托過來等；也禁止出現撿骨筷、香爐筷（圖 4-1），非常不吉利。

用筷子夾取食物，另一人以筷子接過的以筷傳筷，有撿骨的不祥聯想。

將筷子插在白飯上，像是香插進香爐一樣的香爐筷，非常不吉利。

圖 4-1　香爐筷、撿骨筷

4. 餐桌上若有放置菜餚旋轉臺，應以主客的位置向左順時鐘旋轉。

5. 茶飯既畢，應將餐具理好，座椅亦應放回。

（三）西餐餐具的排列與使用

1. 餐具的排列：由刀叉的排列與數量大致可看出餐點的內容，正式西餐通常包括湯、沙拉、前菜（魚）、雪寶（Sorbet）、主餐、甜點及咖啡。酒杯及水杯置於餐盤右前方，麵包盤於左前方，餐具由外而內使用，右手持刀，左手持叉（圖 4-2）。

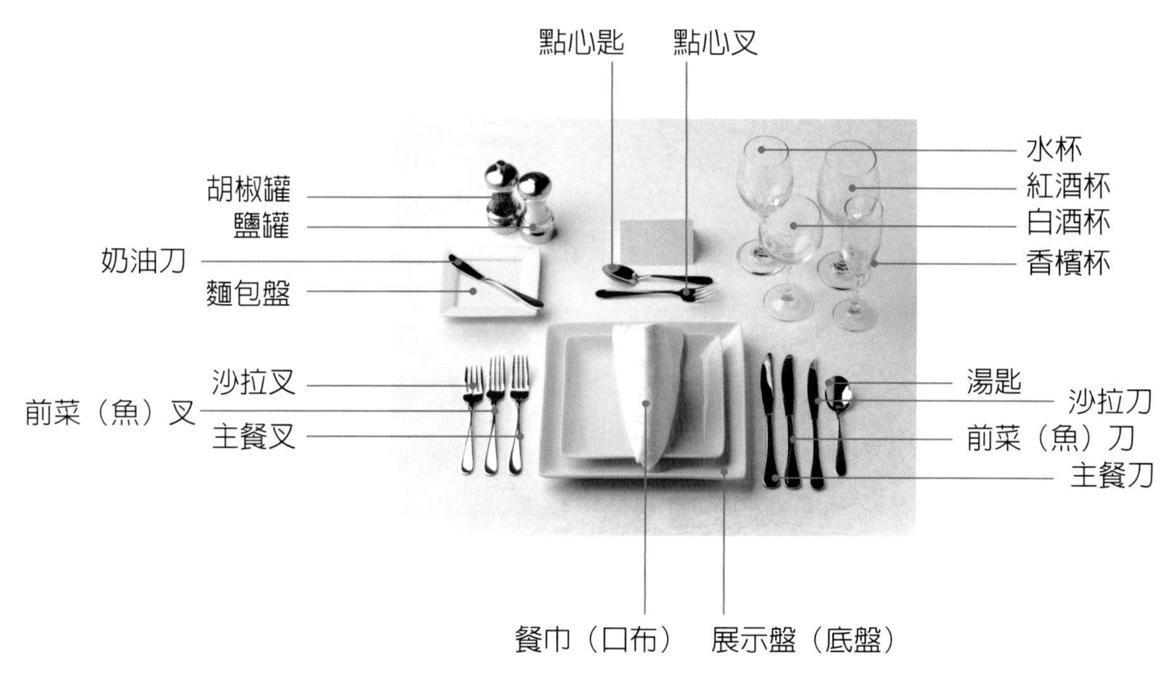

圖 4-2　餐具的擺設

2. 暫停用餐時：請左叉右刀，叉匙面朝下，刀刃朝內，以八字形擺放至餐盤上。用餐完畢則將刀叉並排平放於餐盤上，刀放置在外側，叉子放置在內側與桌緣約成 30º，握把向右，叉齒向上，刀口向自己（圖 4-3）。

圖 4-3　用餐途中與用餐後，刀叉的擺放方式

3. 使用餐巾：

(1) 用餐前餐巾應攤開後對折鋪在大腿上，不宜紮在褲腰或圍在衣領上。

(2) 餐巾應由主人先攤開，表示宴會開始，其餘賓客隨之。

(3) 用餐時應以餐巾四邊角來擦嘴，不可用餐巾擦餐具、擦汗、擦臉等。

(4) 用餐完畢，將餐巾放回桌面左手邊。

(5) 中途暫時離席，餐巾須放在椅背（面）或扶手上。

（四）西餐禮儀

1. 喝湯不可發出聲音；喝完湯後，將湯匙放置在碟子上，切勿放置在湯碗中。
2. 排餐一次切下一口的分量，勿全部切成小塊。
3. 若要拿取遠處之調味品，應請鄰座客人幫忙傳遞，切勿越過他人取用。
4. 如需侍者服務時，可用眼神示意或微微把手抬高，侍者會馬上過來，不要大聲呼喊。
5. 麵包要撕成小塊後再食用，一次吃一口，細嚼慢嚥。
6. 用餐完畢後不宜當眾剔牙。
7. 敬酒時，因西方飲酒文化無乾杯之習慣，切勿勉強客人爲之。

（五）宴會禮儀

1. 宴客名單：事先必須愼重選擇以擬定邀請人選，並先考慮賓客人數及其地位，陪客身份不宜高於主賓。
2. 時間：請柬宜兩週前發出，讓賓客有時間安排行程。
3. 地點：以自己寓所最能表現誠意及親切，宴客地點應注意衛生、典雅及交通方便。

4. 請帖：英文請帖左下角註記之 R.S.V.P 爲法文 Repondez,s'ilvousplait 之縮寫，意爲「請回覆」，賓客無論是否出席都應回覆；若是註明 RegretOnly，表示不克出席者回覆即可。

5. 口頭邀請：應避免在未受邀請之第三者面前邀請客人。

6. 菜單：注意賓客的喜好及宗教忌諱。如：佛教徒茹素，回教及猶太教徒不吃豬肉，印度教徒不吃牛肉等。

7. 主人注意事項：

   (1) 請帖上須明白告知事由、時間、地點、服裝要求。

   (2) 請帖發出後不可輕易更改或取消時間或地點。

   (3) 若是重要宴會必須事前再提醒賓客宴客時間及地點。

   (4) 西式宴會主人大都於上甜點前致詞，中式宴會主人則多在開宴前致詞。

8. 賓客注意事項：

   (1) 務必準時赴約，切勿遲到。

   (2) 若是宴客地點爲主人寓所時，可攜帶小禮物表示禮貌及感謝之意。

   (3) 未經邀請之賓客請勿赴宴，若須赴宴，請事先告知宴客主人，讓主人可以事先準備。

   (4) 參加正式宴會，應依請帖上所規定之服飾或穿著正式服裝赴宴。

9. 席次之安排：

   (1) 席次安排的重要原則：

      ① **<u>尊右原則</u>**：男女主人及賓客夫婦皆並肩而坐時，女性居右；男女主人對坐時，女主人之右爲首席，男主人之右次之，依此類推。

② **特定安排原則**：依賓客的地位（Position）、政治考量（PoliticalSituation）和人際關係（PersonalRelationship）安排座位。倘若賓主間無明顯職位差別、無特殊政治考量，席次之安排亦可以工作性質、生活背景及相互交談便利爲考量。

③ **分坐原則**：男女、夫婦、華洋等以間隔坐爲原則。賓主人數若男女相等，以 6、10、14 人最理想，可使男女賓間隔坐，亦可使男女主人對坐。

(2) 中式（圖 4-4）：

① **桌次**：以靠近門邊的桌次爲最小，遠離門邊的桌次爲最大。

② **席次**：須使用「尊右原則」和「3P 原則」，而「分坐原則」中之男女分坐與華洋分坐依然相同，只有夫婦分坐改成夫婦相鄰。

(3) 西式：西式席次遠近以男女主人爲中心，愈近愈尊，女賓忌排末座，主人通常背門而坐（圖 4-5）。

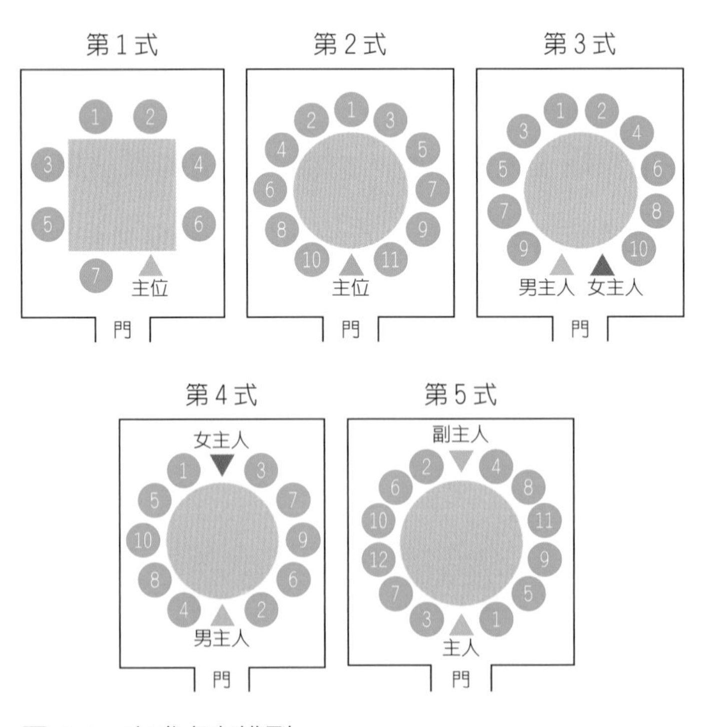

圖 4-4　中式桌次排列

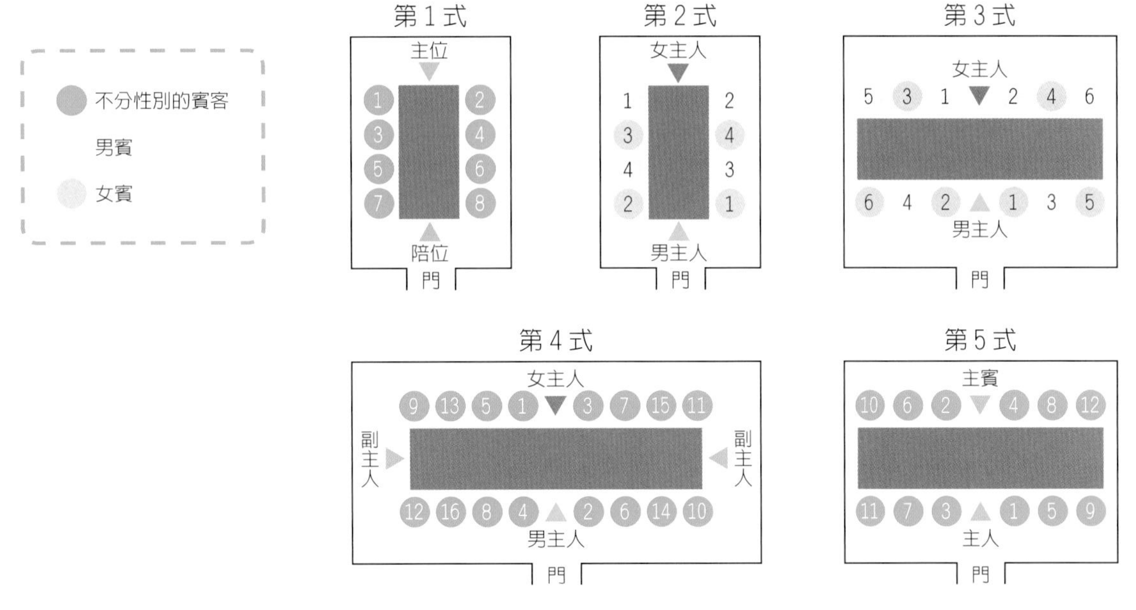

圖 4-5　西式桌次排列

10. 自助餐（Buffet）禮儀：

(1) 不可邊走邊吃，入座後才可進食。

(2) 排隊取菜，取完食物後，應立即離開餐臺，以免妨礙他人取餐。

(3) 循序取菜，依次是：冷菜、湯、熱菜、點心、甜品和水果。

(4) 遵守「少取、多次」原則。

二、衣著禮儀

佛要金裝、人要衣裝，穿著可呈現個人的品味，然而在不同的場合選擇適當合宜的服飾，除了可加深別人對自己的印象外，也是一種禮貌表現。

（一）穿衣應注意的事項

1. 穿著應得體，衣飾不宜怪異或太過曝露，並應保持乾淨。
2. 參加典禮或重要集會，主辦單位若有服飾之規定應該遵守。

3. 不可在公共場所裸露身體或脫鞋襪、更衣及剪指甲等。
4. 衣飾穿搭應符合年齡、時間、地點及場合。
5. 若須戴帽應選擇合適款式配戴，衣服釦子宜扣好，進入室內需脫帽子及大衣。
6. 參加喪禮弔唁，宜著深色衣服，舉止並應肅穆。

（二）面試之服裝禮儀

職場生涯的新鮮人而言，面試時的服裝禮儀是面試成功與否的關鍵之一，以下將分爲男、女性面試服裝禮儀說明：

1. 女性在面試：衣著以簡單、端莊的套裝爲主，下半身的穿著無論是搭配長褲或短裙皆可。然而簡單的職業套裝已經不再是唯一的選擇，從色彩、款式的多元化，簡單的飾物的搭配，鞋襪的選擇等方面，應以簡單大方爲原則，並可以畫點淡妝，讓自己的氣色更好。簡而言之，面試的服裝應活潑之餘又不失莊重。
2. 男性在面試：男性在面試時應以淺色的襯衫、深色西褲及領帶爲主。但是如果面試的是設計、創意等方面的工作，不妨可穿著更有自己的特色，搭配更具流行時尚感、增加個性化的飾品配件等，並且確定襯衫已整燙過，鞋子也要擦亮，鞋後跟要處理乾淨，皮帶及頭髮、鬍子的乾淨整齊也需要注意。適宜面試服裝會讓面試加分，增加錄取的機會。

三、居住禮儀

（一）住家禮儀

1. 居家環境應保持整潔，廢物不可任意拋棄；公共設施應予愛惜維護。
2. 鄰居應和睦相處守望相助，並遵守住戶公約。

3. 當街過道不曬衣物；屋外停放車輛不可妨礙交通。

4. 收音機、電視機及談笑等，聲音不可過高，以免妨礙他人。

5. 入室先按門鈴或扣門，等候室內回答然後進入。

6. 鄰居有凶喪，不可作樂高歌。

7. 居室內外經常灑掃；廚廁經常清洗；溝渠經常疏通；蚊、蠅、蟲、鼠，應勤加撲滅。

8. 隨手關門，隨手熄燈，隨手關水，養成良好習慣。

9. 私人信件，未經同意，不得拆閱。

（二）作客禮儀

1. 不要做不速之客冒失地到別人家中並要求寄居。

2. 寄居友人家中要自己整理家務，例如：鋪床、打掃或簡單的房務工作等。

3. 凡是借用主人家中物品，用完應物歸原位，以免主人到時遍尋不著或造成困擾。

4. 決不擅闖客房及客廳以外的居室，如有需要先徵求主人同意並經敲門後才可進入。

5. 寄居他人家中應該遵守主客的尊卑禮儀，絕不可喧賓奪主，應處處以主人的方便爲自己的行爲準則。

6. 臨時有事或夜歸應設法通知主人，並言明返回時間。

7. 除非經主人同意，否則絕不動用主人家廚房或冰箱。

（三）飯店投宿禮儀

1. 一般旅館都有旅客住宿須知，住宿旅客應遵守規定。

2. 除了至親好友之外，會客應在旅館的咖啡廳、大廳等公共場所爲宜，才不致打擾別人的起居安寧。

3. 若要帶寵物投宿飯店，應先徵得飯店人員同意。

4. 如果不想被打擾，可掛上請勿打擾的掛牌。

5. 住宿旅館應保持安靜，房間內仍不可大聲喧譁，更不可以打開房門、跨門互相叫喊聊天，或成群結隊在公共場所嬉鬧。

6. 電視機或收音機的音量應適可而止，以不妨礙他人爲主。

7. 不得穿著睡衣、浴袍、拖鞋任意在公共場所走動。

8. 傳統旅館的浴室設計，淋浴的蓮蓬頭都設計在浴缸水龍頭上方，淋浴時應將浴簾尾端放入浴缸內，以免洗澡水流出浴缸（圖4-5）。

9. 浴室內的各種毛巾及飯店內的吹風機、衣架等物品皆不可拿走，如有需要可詢問櫃檯人員是否可購買。

圖 4-5　浴簾尾端應放入浴缸，防止洗澡水花濺出

四、行的禮儀

（一）行走禮儀

1. 上樓梯時，年長者、女性在前，年幼者、男性在後；下樓時年幼者、男性在前，年長者、女性在後。

2. 行、坐、站立之一般位次，前大後小，右大左小、內大外小。三人以上，中爲尊、次爲右，再次爲左。

3. 與尊長同行，應在其後方或側後方。必要時，須予以攙扶。
4. 搭乘大眾運輸時應禮讓老弱婦孺先坐。
5. 行路時，要注意標誌燈號，服從交通指揮。
6. 行路須抬頭、挺胸，行進間不吸菸、不吃零食、不攀肩搭背、不低頭使用手機。
7. 穿越街道，應走行人穿越道、斑馬線、地下道或陸橋。

（二）電梯禮儀

1. 須禮讓等到電梯裡的人先出來後，才可進入。
2. 先進入電梯的人有義務要將開門鍵按著，以方便其他的人進入，站立位置應面向門。
3. 進入電梯後按下欲前往樓層後，判斷一下到達的先後順序站立，較近者站立於外，遠者站立於內側。
4. 進入電梯後，若不方便按樓層鍵時，可請他人幫忙，不可勉強伸手。
5. 在電梯廂內，不可飲食或高談闊論。
6. 當電梯到達目的樓層時，如站在後排要先走出電梯，應先說聲「對不起」，請別人讓路。
7. 當你進出電梯有人幫忙按開門鍵時，千萬別視為理所當然，要記得道謝。

（三）駕車禮儀

1. 行車不可爭先。
2. 駕車應靠右行駛，行人應面向來車方向，以策安全。
3. 駕車應遵守交通規則，如有碰撞情事，亦應態度謙和、平心靜氣，合理解決。
4. 車輛夜行，應照規定亮燈。

（四）乘車禮儀

1. 司機駕車：以副駕駛座爲最小位。
2. 主人親自駕車：以副駕駛座爲最大位。乘客不可都坐在後座，把主人當成司機，這樣是很不禮貌的喔！

司機開車

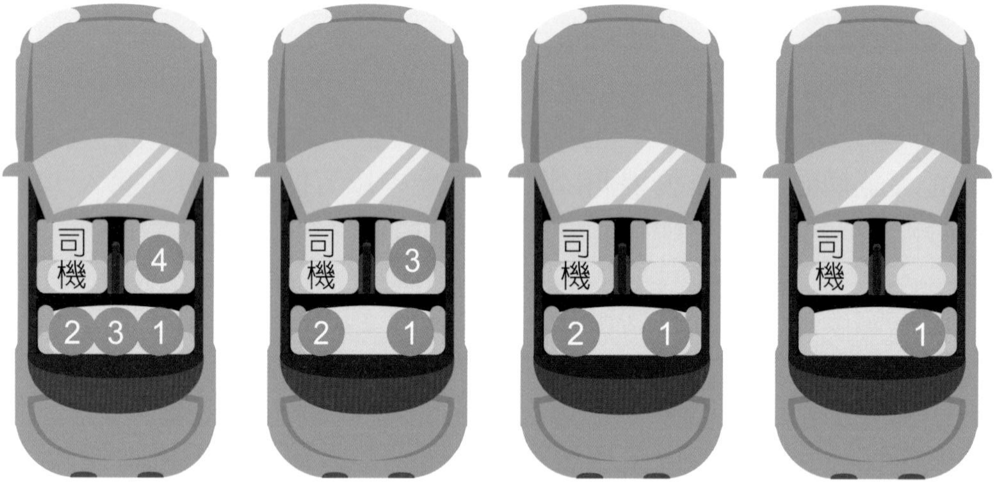

主人開車

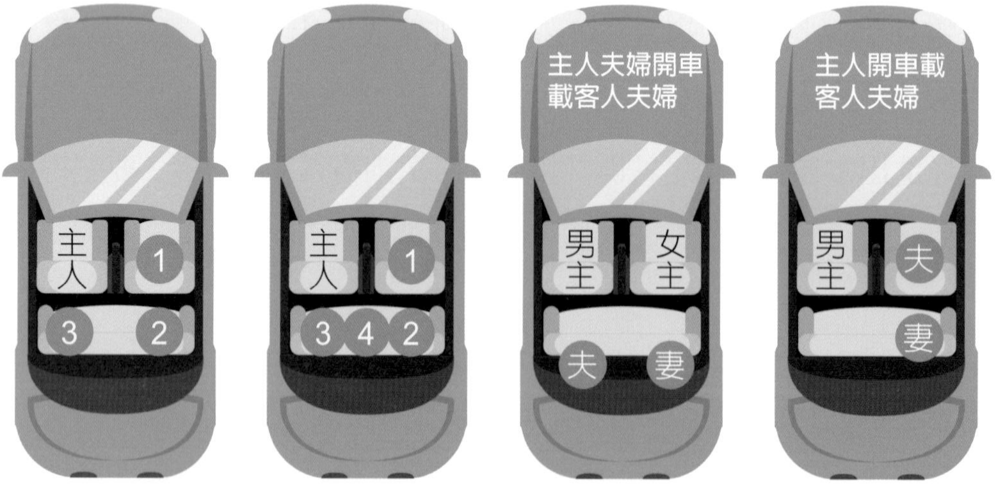

五、通訊禮儀

電話是現代人對外展現自己形象的重要窗口，也是人與人重要的溝通管道。

（一）接聽電話的一般禮儀

1. 快速接聽：聽到電話鈴聲，應在三聲之內接聽。
2. 通話時的禮貌，應常用「您好」然後自報家門或自我介紹，說明來意。
3. 通話過程中，應根據通話內容使用「謝謝」、「請」、「對不起」等禮貌用語。
4. 認眞聆聽，弄清來電話的目的與內容。如果對方要找的人不在，也應認眞記錄下來且確實轉達，這樣除能節省回撥電話詢問的時間，還可以贏得對方的好感。
5. 詳實清楚地記錄通話內容：接聽電話時最好是左手拿話筒，右手記錄或查閱資料。

（二）撥打電話的一般禮儀

1. 選擇適當的時間打電話：早上 7 點以前、假日 9 點以前，三餐時間及晚上 10 點以後，這些時間都不適合撥電話打擾別人。
2. 做好打電話前的準備，如：通話內容、相關資料、記錄等。
3. 電話接通時必須先問候、確定對方的身分或姓名，然後再告知自己找的通話對象以及相關事宜。
4. 通話內容要儘量簡單明瞭，註意控制時間，一次電話的通話時間一般控制在三分鐘爲宜。
5. 結束通話結束時應客氣地道別，說一聲「謝謝，再見」。

6. 倘若要找的通話對象不在時，仍要道謝，撥錯電話要道歉。

（三）行動電話的使用禮儀

1. 注意電話使用安全：開車時或對方開車時不要接打電話，不要在病房、飛機、加油站等地方使用行動電話，以免信號干擾影響醫療器械的使用、干擾飛機的飛行、及引發火災等。

2. 公共場所的電話使用禮儀：電影院、會議室、醫院候診室等，不宜接打手機。在公共場所使用手機時，最好把手機調到震動或靜音狀態，以免影響干擾他人；若是餐桌或宴會上，也要注意不能因爲接打手機而影響他人用餐。如果有重要的電話，應首先向用餐人員致歉，而後到較安靜的地方通話。一般而言，在公共場所及大眾運輸系統通話要注意聲音音量，切勿高聲談話。

六、介紹禮儀

1. 一般介紹原則：應先將男士、未婚者、年輕者、未婚者介紹給女士、年長者、已婚者。

2. 身分、地位、輩分不同時：地位、職位、輩分較低者應先介紹給地位、職位及輩分較高者。

3. 宴會場合：主人應先將貴賓或主賓介紹給其他賓客認識，來賓應先將自己攜帶的友人或伴侶介紹給主人與其他來賓認識。

七、生命禮儀

（一）成年禮

現代的成年禮在 18 歲舉行，目的在於告知青年男女人生應有的責任與義務，行成年禮時服裝需端莊整潔，典禮簡單隆重。

（二）婚禮

1. 我國古禮結婚有所謂的六禮，民間傳統婚嫁大禮中的六禮程序是：

   (1) 納采（議婚、提親、說親）：當兒女婚嫁時，由男家家長請媒人向女家提親。

   (2) 問名（提婚仔、換龍鳳帖）：女方家長接納提親後，女家將女兒的年庚八字（庚帖）帶返男家卜吉凶。

   (3) 納吉（過文定、小定、過定）：男方接收庚帖後，將庚帖置於神前或祖先案上請示吉凶，以肯定雙方年庚八字沒有相沖相剋。

   (4) 納徵（過大禮、大定、行聘、完聘）：在大婚前一個月至兩週，男方約同媒人，攜帶聘金、禮金及聘禮到女方家中，女方家亦需回禮。

   (5) 請期（送日頭、送日子、乞日）：即男家擇定合婚的良辰吉日，並徵求女家的同意。

   (6) 親迎（迎親）：在結婚吉日，穿著禮服的新郎會偕同媒人、親友親自往女家迎娶新娘。

2. 現代婚禮也可採行公證結婚、團體聯合婚禮等。自 97 年 5 月 23 日起，結婚雙方當事人須向戶政事務所辦理結婚登記，才發生效力，結婚登記日即為結婚生效日。

（三）喪禮

我國是一個重視孝道的國家，因此很早便發展出一套完備的喪禮儀節供死者子孫遵循。現代喪禮多半依照各種宗教儀式或是往生者的遺囑舉行，大致可分為治喪、奠弔、出殯、安葬等程序，參加者應著深色、素雅之服裝以示莊嚴、肅穆。

八、餽贈禮儀

無論參加婚喪喜慶，或是拜訪親朋好友，常常需要準備贈禮表示心意。送禮一般是贈送禮品，婚喪喜慶之場合也可贈送現金（婚喜慶現金以偶數爲主；喪則是以單數爲主），禮品的種類和現金的金額必須依對方的年齡、身分、性別、習俗或與自己的交情決定，若是因故必須婉拒贈禮，應退回禮品並附上「璧謝」的謝帖。贈送現金必須裝入信封，吉事用紅色信封，喪事用素色信封，並在信封上書寫祝賀或弔唁之詞：

1. 婚禮：新婚誌喜、天作之合、珠聯璧合、琴瑟和鳴。
2. 生產：弄璋之喜（生男）、弄瓦之喜（生女）、湯餅之敬（不分男女）。
3. 滿月：彌月之喜。
4. 祝壽：松鶴遐齡、松柏長青、萬壽無疆、壽比南山。
5. 搬家：喬遷之喜。
6. 喪禮：音容宛在、世德流芳、福壽全歸、駕返瑤池（女喪）。

九、結語

世界各地的禮儀、規範皆有所不同，往往難以明確瞭解，例如：紐西蘭的原住民是毛利人，他們打招呼的方式是鼻子碰鼻子兩次，代表交換鼻息，這是毛利人最親切的打招呼方式。我們只要遵循「入境隨俗」的原則，就是最有禮貌的表現了。

4-1 禮儀的意義與重要性

1. 所謂禮儀，是指人們在進行人際互動中共同約定俗成的社會規範，反映著社會文明的程度，具有穩定社會秩序、協調人際關係的功能。

2. 禮儀的範圍：

   (1) 禮節：指人際互動應對中的酬酢禮節，例如：婚、喪、喜慶、宴會、拜訪等。

   (2) 禮貌：指對人的態度，表現在日常生活中的修養。

   (3) 典禮：指各項正式典禮行禮之儀式。

4-2 日常生活禮儀

1. 中餐禮儀：

   (1) 中餐餐具習慣為公筷母匙，切不可於用餐時取為己用。

   (2) 不宜當衆剔牙，必要時應用牙籤並且須掩蔽。

   (3) 拿取菜肴時，應取靠近自己者，不可在碗盤中隨便翻揀食物。

   (4) 餐桌上若有放置菜餚旋轉臺，應以主客的位置向左順時鐘旋轉。

2. 西餐禮儀：

   (1) 喝湯不可發出聲音；喝完湯後，將湯匙放置在碟子上，切勿放置在湯碗中。

   (2) 排餐一次切下一口的分量，勿全部切成小塊。

(3) 拿取遠處之調味品應請鄰座客人幫忙傳遞，切勿越過他人取用。

(4) 如需侍者服務時，可用眼神示意或微微把手抬高，侍者會馬上過來，不要大聲呼喊。

(5) 麵包要撕成小塊後再食用，一次吃一口，細嚼慢嚥。

(6) 用餐完畢後不宜當衆剔牙。

(7) 敬酒時，因西方飲酒文化無乾杯之習慣，切勿勉強客人為之。

3. 西餐餐具的排列：由刀叉的排列與數量大致可看出餐點的內容，酒杯及水杯置於餐盤右前方，麵包盤於左前方，餐具由外而內使用，右手持刀，左手持叉。

4. 衣著禮儀：

(1) 穿著應得體，衣飾不宜怪異或太過曝露，並應保持乾淨。

(2) 參加典禮或重要集會，主辦單位若有服飾之規定應該遵守。

(3) 不可在公共場所裸露身體或脫鞋襪、更衣及剪指甲等。

(4) 衣飾穿搭應符合年齡、時間、地點及場合。

(5) 若須戴帽應選擇合適款式配戴，衣服釦子宜扣好，入室需脫帽子及大衣。

(6) 參加喪禮弔唁，宜著深色衣服，舉止並應肅穆。

5. 住家禮儀：

(1) 居家環境應保持整潔，廢物不可任意拋棄戶外；公共設施應予愛惜維護。

(2) 鄰居應和睦相處守望相助，並遵守住戶公約。

6. 作客禮儀：

(1) 不要做不速之客冒失地到別人家中並要求寄居。

(2) 決不擅闖客房及客廳以外的居室，如有需要先徵求主人同意並經敲門後才可進入。

(3) 寄居他人家中應該遵守主客的尊卑禮儀，絶不可喧賓奪主，應處處以主人的方便為自己的行為準則。

7. 飯店投宿禮儀：

(1) 除了至親好友之外，會客應在旅館的咖啡廳、大廳等公共場所為宜，才不致打擾別人的起居安寧。

(2) 傳統旅館的浴室設計，淋浴的蓮蓬頭都設計在浴缸水龍頭上方，淋浴時應將浴簾尾端放入浴缸內，以免洗澡水流出浴缸。

8. 行走禮儀：

(1) 上樓梯時，年長者、女性在前，年幼者、男性在後；下樓時年幼者、男性在後前，年長者、女性在後。

(2) 行、坐、站立之一般位次，前大後小，右大左小、內大外小。三人以上，中為尊、次為右，再次為左。

9. 乘車禮儀：

(1) 主人親自駕車：以副駕駛座為最大位。乘客不可都坐在後座，把主人當成司機，這樣是很不禮貌的喔！

(2) 司機駕車：以副駕駛座為最小位。

10. 現代的成年禮在 18 歲舉行，目的在於告知青年男女人生應有的責任與義務，行成年禮時服裝需端莊整潔，典禮簡單隆重。

11. 民間傳統婚嫁大禮中的六禮程序是：納采、問名、納吉、納徵、請期、親迎。

12. 自 97 年 5 月 23 日起，結婚雙方當事人須向戶政事務所辦理結婚登記，才發生效力，結婚登記日即為結婚生效日。

請沿虛線撕下

課後評量

範圍：第四章

班級：__________ 座號：______ 姓名：__________

評分欄

一、選擇題（每題 3 分）

(　　) 1. 有關出生禮儀的敘述，下列何者是錯誤？ (A) 於出生後滿 1 個月，敬神祀祖或慶祝請客，即彌月之喜 (B) 家庭制度即建立在生子觀念上，有家族綿延傳宗接代的目的 (C) 以前以保護胎兒的安全，常以「胎神」稱之，和現代的胎教頗類似 (D)「紅頂」即為慶祝家中有生育的喜事。

(　　) 2. 依照規定在何種情況下禁止使用手機，否則會影響安全？ (A) 搭乘遊覽車時 (B) 搭乘輪船時 (C) 搭乘火車時 (D) 搭乘飛機時。

(　　) 3. 雅琪與爸爸、媽媽一起送爺爺去高鐵站，他們一起搭乘一部計程車，請問爺爺的乘車座次如何安排才合乎禮節？ (A) 坐在司機右後方 (B) 坐在司機旁 (C) 坐在後座中間 (D) 坐在司機正後方。

(　　) 4. 中式的圓桌宴席，重要主賓座位的安排，應在哪個位置？ (A) 主人位置的正對面 (B) 主人位置的右邊 (C) 主人位置的左邊 (D) 主人位置的斜對面。

(　　) 5. 上下樓梯的禮節，下列敘述何者正確？ (A) 上樓時，長輩在後、晚輩在前 (B) 上樓時，男士應在前、女士在後 (C) 下樓時，女士在後、男士在前 (D) 下樓時，晚輩在後、長輩在前。

(　　) 6. 西餐禮儀中麵包應取用 (A) 右邊 (B) 左邊 (C) 中間 (D) 都可以。

(　　) 7. 一次電話的通話時間一般控制在幾分鐘爲宜？(A)2 分鐘　(B)3 分鐘　(C) 4 分鐘　(D) 5 分鐘。

(　　) 8. 凱凱的滿月喜宴要在多久前寄送邀請函？　(A) 三天前　(B) 一週前　(C) 二週前　(D) 一個月前。

(　　) 9. 見面時的禮儀，下列何者正確？　(A) 同輩男女相見面時，男士需先伸手請握　(B) 男士與女士握手時，男士不需脫手套　(C) 晚輩對長輩可以行頷首禮　(D) 主人應先向客人伸手請握。

(　　) 10. 下列有關住日常生活禮儀之敘述，何者正確？　(A) 用餐時可當眾剔牙和剪指甲和化妝　(B) 喝湯可以發出聲音　(C) 取菜肴時不可以在碗盤中翻揀食物　(D) 西方有飲酒乾杯習慣。

(　　) 11. 司機駕車時以何者爲最小位？　(A) 司機旁　(B) 後座右側　(C) 後座中間 (D) 後座左側。

(　　) 12. 指對人的態度，表現在日常生活中的修養稱爲？　(A) 典禮　(B) 禮貌　(C) 禮節　(D) 儀式。

(　　) 13. 下列關於中西方國際禮儀的敘述，何者錯誤？　(A) 西方傳統結婚禮服喜用白色，我國傳統結婚禮服喜用紅色　(B) 西方傳統喪葬禮服使用黑色較多，我國傳統喪葬禮服使用白色或黑色較多　(C) 西餐禮儀刀叉使用順序由內至外，中餐禮儀餐具使用公筷母匙　(D) 西餐長桌以兩端或中央爲上座，中餐圓桌以面對門口的位置爲上座。

(　　) 14. 大雄舉行生日派對，下列的介紹方式，何者不合乎禮節？　(A)「張小姐，這位是李先生；李先生，這位是張小姐」　(B)「媽媽，這位是我的同學小玉；小玉，這位是我媽媽」　(C)「王小姐，這位是楊太太；楊太太，這位是王小姐」　(D)「梁經理，這位是蔡組長；蔡組長，這位是梁經理」。

請沿虛線撕下

(　　) 15. 吃西餐牛排，已用完餐，其餐具的放置型式是哪一種？

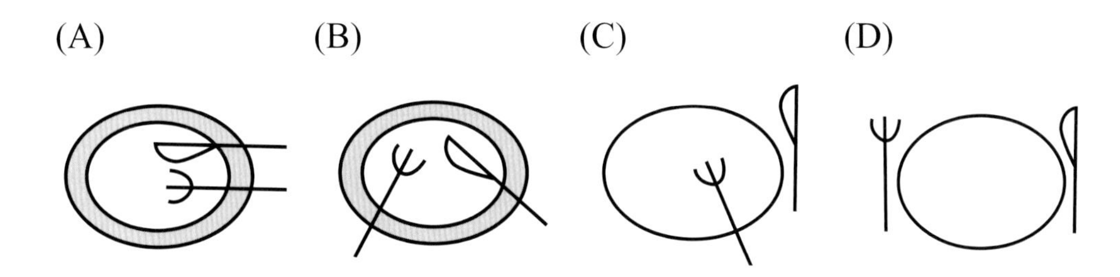

(　　) 16. 有關自助餐禮儀的敘述，下列何者錯誤？　(A) 幾個朋友一起用餐，不可以大家共取許多盤　(B) 每吃完 1 盤可將刀叉平行豎放盤中　(C) 可以將餐盤食物裝疊得滿滿的，省得每次取食物的麻煩　(D) 飲料應該適度取用。

(　　) 17. 有關西餐喝湯禮儀的敘述，下列何者錯誤？　(A) 喝湯時是由內往外舀湯　(B) 有耳的湯碗可以直接把拿起就口飲用　(C) 喝湯時不可以發出聲音　(D) 喝完後湯匙放在餐桌上。

(　　) 18. 有關於禮儀的敘述，下列何者不正確？　(A) 禮儀對個人而言，是品德和教養形於外的代表　(B) 禮儀的培養也要配合美的特色　(C) 良好的姿態與儀容大部分是與生俱來的　(D) 端莊的儀容需要以健康的身體爲基石。

(　　) 19. 有關於生活禮儀的敘述，下列何者不宜？　(A) 他人筆記放置桌上，可以自行借抄　(B) 需長期使用的物品，宜自購而非借用　(C) 出門應向家長或家人說明去處及歸來時間　(D) 鄰居有哀喪，我不宜高歌作樂。

(　　) 20. 有關於餐桌禮儀敘述，下列何者爲非？　(A) 看菜單時，不熟悉的項目可以問服務生　(B) 回答客人的問題是服務生的職責之一　(C) 如果你身爲客人，你有權力可以點菜單上最貴的項目　(D) 你身爲客人，不可以點兩道以上的主菜，除非主人表示沒關係。

二、填充題（每格 4 分）

1. 民間傳統婚嫁大禮中的六禮程序是：納采、問名、__________、__________、__________、__________。

2. 搬家祝賀詞為：____________。

三、簡答題（20 分）

1. 婚禮上祝賀話語請列舉四個？

Chapter

膳食與生活

1. 認識六大基本食物的分類
2. 建立均衡營養與膳食的觀念
3. 知道如何選購恰當的食物與正確的儲存方式
4. 體認食品衛生與安全的重要性
5. 認識與膳食相關的行業

對現代人而言，飲食除了滿足基本的生理需求，也是一種生活享受。然而，過度飲食造成文明病普及各種違法添加物造成的食安問題，在在提醒我們，飲食與健康息息相關。

第一節　均衡營養與膳食

均衡營養是保持身體健康的要件，營養的來源是食物，因為每種食物所含的營養成分皆有不同，所以每日由飲食中獲得足量的身體所需每種營養素，且吃入與消耗的熱量達到平衡，就是「均衡營養」。

一、食物的分類

維生福利部於 2018 年 3 月提出最新版每日飲食指南，將食物分為六大類：全穀雜糧類、豆魚蛋肉類、乳品類、蔬菜類、水果類、油脂與堅果種子類，依序介紹如下：

（一）全穀雜糧類

全穀雜糧類食物富含澱粉（醣類），對於人體的主要功能為提供熱量。包含各種穀類（米、小麥等），以及食用其根莖的薯類（地瓜、馬鈴薯、山藥、芋頭、蓮藕等）、食用其種子的豆類（紅豆、綠豆等）和食用其果實的富含澱粉食物（玉米、薏仁、蓮子等）。

全穀是指含有麩皮、胚芽和胚乳的完整穀物，未精製全穀雜糧類可提供熱量以及豐富的維生素 B 群、維生素 E、礦物質及膳食纖維等，三餐應選擇全穀為主食，或至少應有 1/3 為未精製全穀雜糧，例如：以五穀糙米飯代替白米飯、或吃全麥麵包代替白麵包，這樣除了攝取醣類之外，更能增加膳食纖維、維生素、礦物質的攝取，促進身體健康。。

（二）豆魚蛋肉類

豆魚蛋肉類爲富含蛋白質的食物，主要提供飲食中蛋白質的來源。包含：黃豆與豆製品、魚類與海鮮、蛋類、禽類（雞、鵝等）、畜肉（牛、豬、羊等）等。選擇這類食物時，其優先順序爲豆類、魚類與海鮮、蛋類、禽肉、畜肉，盡量選擇植物性、脂肪含量較低的，並避免油炸和過度加工的食品，才不會攝取過多的油脂和鈉。

（三）乳品類

主要提供鈣質，且含有優質蛋白質、乳糖、脂肪、多種維生素、礦物質等，包括牛奶、羊奶及乳製品。建議每日攝取 1 ～ 2 杯乳品，不吃乳品者必需特別注意每天都要選擇其他高鈣食物，以獲得足夠的鈣質，如：高鈣豆製品、深色葉菜類、芝麻或鈣強化食品等。

（四）蔬菜類

蔬菜類含有豐富的維生素、礦物質、膳食纖維，以及植化素，蛋白質和脂肪含量很少，包括葉菜類、花菜類、根菜類、果菜類、豆菜類、菇類、海菜類等，如：菠菜、高麗菜、胡蘿蔔、青椒、甜椒、豌豆、絲瓜、香菇和洋菇等，通常深綠色與深紅黃色蔬菜所含的維生素與礦物質比淺色蔬菜豐富。每日三餐的蔬菜，宜多變化，並選擇當季在地新鮮蔬菜爲佳。

（五）水果類

水分含量很高，蛋白質和脂肪的含量很低，主要提供維生素，尤其是維生素 C，以及礦物質和纖維素。桃、李、葡萄、桑葚、草莓、黑棗、葡萄乾、黑棗乾含有較多的鐵質；橙、草莓中含有適量鈣質。水果外皮含有豐富的膳食纖維，所以口感比較粗糙，應盡量洗乾淨連果皮一起吃。

（六）油脂與堅果種子類

主要提供脂肪，提供部分熱量和必需脂肪酸，堅果類更可提供豐富的礦物質及維生素，常用來增加食物口感及美味。油脂類包括動物性油脂及植物性油脂，動物脂肪含有較多的飽和脂肪和膽固醇，較不利於心血管的健康，建議以擇富含不飽和脂肪酸的植物油爲較佳選擇。

二、營養素

人體中的營養素有一部分可以自行合成，但大部分仍須仰賴食物提供，食物經由人體消化吸收之後，分解成爲人體所需營養素。營養素的主要功能爲供給熱能（熱量型營養素）、建造及修補身體組織、調節生理機能、維持新陳代謝正常等。

營養素可分爲醣類、蛋白質、脂肪、礦物質、維生素和水六類，以下分別介紹營養素的來源、功能及種類：

（一）醣類（Carbohydrate）

是提供人體熱量的主要來源，由碳（C）、氫（H）、氧（O）三種化學元素組成，又稱碳水化合物，是最經濟也最容易被人體消化的營養素。

1. 食物來源：醣類主要來源爲富含澱粉的全穀雜糧類，另外水果和糖等也能提供醣類。
2. 醣類的功能：
   (1) 供給熱能：1 公克的醣類可產生 4 大卡熱量，均衡飲食的原則中，醣類提供的熱量占人體每日所需總熱量 58 ～ 68%較恰當。
   (2) 幫助脂肪代謝：醣類可幫助體內脂肪完全氧化分解爲脂肪酸，若醣類不足，脂肪氧化不完全會產生酮體，影響體內酸鹼平衡，可能產生酮（酸）中毒現象。

(3) 構成身體組織：醣類會分解成葡萄糖，提供人體產生能量，當血糖中的葡萄糖含量過高時，會轉化成肝醣儲存於肝臟或肌肉之中，並可轉變爲脂肪造成肥胖。

(4) 節省蛋白質：身體若無足夠熱量來源，會自動消耗肌肉中的蛋白質以產生熱量，這是不經濟的。若有足量的醣類提供熱量，可讓蛋白質用於修復與建造身體組織，避免蛋白質的浪費。

(5) 幫助排泄：纖維素屬於一種醣類，但因其較不易被腸胃消化分解，且具有吸水姓，可促進腸道蠕動，增加糞便體積，幫助排泄順利、預防便祕，減少腸道疾病的發生機率。

（二）蛋白質（Protein）

蛋白質是構成人體細胞組織的主要物質，其基本單位爲胺基酸，是維持生命不可或缺的營養素。胺基酸包含必需、非必需與半必需三種，必需胺基酸約有 8 ～ 10 種，必須從食物中攝取，人體無法自行合成；非必需胺基酸人體可以自行合成；半必需胺基酸可以由其他胺基酸轉化而成。

1. 食物來源：主要爲豆魚蛋肉類、乳品類，全穀類食物亦可提供。
2. 蛋白質的功能：

(1) 供給熱能：1 公克的蛋白質在人體消化吸收之後，可產生 4 大卡熱量。但蛋白質在體內葡萄糖或脂肪不足時才會成爲熱量來源，建議攝取量占人體每日所需總熱量 10 ～ 15%較恰當。

(2) 建造、修補身體組織：是構成人體細胞、器官的主要成分，包括肌肉、毛髮、指甲、血液、激素等，而細胞新陳代謝、受傷組織修復都需要蛋白質。

(3) 調節、維持生理機能：可維持體內酸鹼平衡、水分平衡，協助營養素的運送，構成抗體增加免疫力等。

(4) 促進生長發育：攝取不足時會造成生長發育遲緩、體重過輕、對疾病抵抗力減弱等。

（三）脂肪（Fat）

脂肪不溶於水，經消化之後可轉換爲脂肪酸和甘油。脂肪酸是人體不可或缺的物質，可以分爲飽和脂肪酸和不飽和脂肪酸。大部分的飽和脂肪酸存在於動物性油脂之中，不飽和脂肪酸則多存在於植物性油脂之中

1. 食物來源：油脂及堅果種子類爲脂肪的主要來源，例如：各種食用油、豬油、牛油、奶油等，蛋、肉、奶類食物亦含有豐富的脂肪。

2. 脂肪的功能：

   (1) 供給熱能：1 公克脂肪可產生 9 大卡熱量，建議攝取量約占每日總熱量 20 ～ 30%較恰當，至多不宜超過 30%，否則容易造成肥胖及增加心血管疾病罹患率。

   (2) 構成身體組織：體內的脂肪組織具有保護內臟器官的功能，皮下脂肪可以保溫禦寒並構成身體曲線。

   (3) 協助脂溶性維生素的吸收利用：可幫助脂溶性維生素 A、D、E、K 的吸收與利用，維持人體正常生理機能。

   (4) 增加食物風味：提升食物口感，提升食慾。

   (5) 產生飽足感：可抑制胃酸分泌，減緩消化速度而產生飽足感。

（四）礦物質（Mineral）

礦物質是一種無機鹽類，又稱爲「灰分」，無法提供熱量，體內含量僅佔體重的 4%，但卻是構成人體骨骼、牙齒、細胞、體液的重要成分，並有維持新陳代謝、調節人體生理機能、維持滲透壓平衡等功能。

人體中的礦物質有許多種，其中鈣、磷約占體內礦物質的 3/4，鉀、硫、鈉、氯、鎂約占 1/4，以上稱爲巨量礦物質，另外還有鐵、碘、鋅、錳、氟、硒、鈷、銅等微量礦物質。

礦物質	食物來源	功能	缺乏症
鈣（Ca）	乳品類、黃豆製品、小魚乾、蝦類、芝麻、深色蔬菜等。	人體中含量最多的礦物質，是構成牙齒、骨骼的主要成分。	牙齒生長不良、齲齒、骨質疏鬆、兒童軟骨症（佝僂病）、抽筋、痙攣、心跳異常等。
磷（P）	奶類、奶製品、肉類、魚類、蛋類、五穀類、乾果、莢豆類等。	人體中含量次多的礦物質，約占體重 1%，主要功能爲維持血液、體液的酸鹼平衡。骨骼中的鈣磷比例約爲 2：1，過多的磷會導致鈣吸收不良。	因廣含於各類食物之中，較不易缺乏。
鉀（K）	香蕉、芹菜、馬鈴薯、番茄、瘦肉、豬肝、全穀類、豆類等。	細胞內液中最主要的陽離子，維持人體滲透壓與酸鹼平衡。	抽筋、疲勞、高血壓等。
鈉（Na）	食鹽與調味料含量最多，其次爲紅豆、蛋類、海藻類等。加工食品因使用較多調味料，通常都含有高量的鈉。	維持人體滲透壓與酸鹼平衡、水分平衡。	缺乏時會造成電解質不平衡、噁心、口渴、中暑；過多時則造成腎臟、心臟負擔引起水腫、高血壓等疾病。
氯（Cl）	食鹽的組成主要爲氯化鈉（NaCl）故含豐富的氯，奶類、肉類、蛋類、菠菜含量亦多。	維持人體細胞內外滲透壓與水分平衡、調節體內酸鹼平衡、調節肌肉收縮和神經傳導、促進蛋白質消化。	因其與鈉幾乎並存，只要攝取適量的鈉，人體所需的氯即已足夠；若仍不足，會造成噁心、心悸、意識不清等。

礦物質	食物來源	功能	缺乏症
鎂（Mg）	全穀類、奶類、肉類、魚貝類、堅果類、綠葉蔬菜。	與骨骼和牙齒的構成、神經傳導、肌肉收縮與體內酵素作用有關，是最好的天然鎮定劑。	肌肉疼痛或痙攣、吞嚥困難、煩躁不安、失眠。
鐵（Fe）	肝及內臟、牛奶、蛋黃、肉類、貝類、全穀類、綠葉蔬菜、水果乾（如：葡萄乾、紅棗、黑棗）。	構成血紅素、肌紅素主要物質，可幫助體內部分酵素活化，是女性生理期最需要補充的物質，女性需求量比男性高。	長期缺乏易貧血、感覺疲倦。
碘（I）	海產類食物，如：貝類、魚類、海帶等，臺灣地區食鹽中亦會添加。	構成甲狀腺素重要成分，可調節細胞氧化作用、幫助調節新陳代謝、協助正常生長發育。	孕期婦女若缺碘，可能產下呆小症的孩童。缺碘時易造成甲狀腺腫大、甲狀腺分泌低下、基礎代謝率下降、生長遲緩等。攝取過多時容易引起甲狀腺機能亢進、內分泌失調，但不常見。
鋅（Zn）	豆魚蛋肉類、堅果類、全穀類等天然食物中幾乎都含有。	胰島素合成重要成分，正常生長發育所必須，參與蛋白質合成、具有修護作用，有調節生殖與免疫系統的功能，與體內多種酵素合成有關。	生長遲緩、性腺發育遲緩或機能減退、味覺異常、傷口不易癒合、免疫力降低。
氟（F）	海產類、牛奶、蛋黃、菠菜等，自來水中亦含氟。	是構成牙齒和骨骼重要成分，少量的氟可以防止蛀牙及預防牙周病。	缺乏食易引起蛀牙，但過量則會產生毒性，造成衰弱、腸胃炎等。

（五）維生素（Vitamin）

維生素俗稱維他命，無法提供熱能或構成身體組織，但可以維持生理機能正常運作，是身體不可或缺的營養素。大部分維生素人體都無法合成，少部分雖可於體內合成，但都不足以提供人體所需，因此皆需從食物攝取。

維生素種類很多，一般分爲脂溶性和水溶性兩大類。脂溶性有維生素A、D、E、K四種，攝取過量時會儲存於體內所以缺乏症狀展現較慢，若堆積過多可能產生中毒現象；水溶性有維生素B群、C等，會隨著尿液排出體外，因此較不容易出現過量症狀，但容易在加熱烹調中流失。

礦物質	食物來源	功能	缺乏症
維生素A（視網醇）	魚肝油、動物肝臟、蛋黃、牛奶、以及黃、綠色蔬菜水果等。	與視覺有關，保護皮膚及黏膜健康，並參與身體免疫作用。	夜盲症、乾眼症、皮膚乾燥、毛囊角化等。
維生素D	魚類、魚肝油、動物肝臟、蛋黃、牛奶等，人體可經由陽光照射皮膚自行合成。	幫助鈣、磷的吸收利用，爲骨骼、牙齒、肌肉及神經維持正常生理機能所需。	軟骨症、佝僂病、牙齒疾病、骨質疏鬆症、抽筋等。
維生素E	穀類之胚芽、植物油、堅果類、綠葉蔬菜、蛋等。	維持生殖機能正常，具有抗氧化作用，能避免自由基對細胞的傷害，保護紅血球與神經。	習慣性流產、溶血性貧血等。
維生素K	綠葉蔬菜是主要來源，如：菠菜、青花菜、番茄等。	主要與凝血功能有關，也參與造骨的過程。	傷口不易癒合、血流不止、皮下出血等。

礦物質	食物來源	功能	缺乏症
維生素C（抗壞血酸）	柑橘類、奇異果、芭樂、番茄、各式瓜類、綠葉蔬菜等。	具抗氧化力、參與膠原蛋白之合成，能強化血管壁彈性、增加傷口癒合力，可抑制黑色素形成。	壞血病、牙齦出血、牙齦浮腫、貧血、傷口不易癒合等。
維生素B_1（硫胺）	廣泛存在於食物中，如：全穀類、瘦肉、蛋黃、肝臟、酵母、核果類、豆類等。	使醣類在體內代謝正常，維持肌肉、神經、心臟與腸胃消化正常。	腳氣病、神經炎、便祕、食慾降低等。
維生素B_2（核黃素）	奶類、各式肉類及海鮮類、核果類、綠色蔬菜、酵母等。	促進細胞再生，維護皮膚、口腔健康，維持視覺功能。	口角炎、脂漏性皮膚炎、畏光等。
維生素B_3（菸鹼酸；菸鹼素）	全穀類、肉類、肝臟、蛋類、牛奶、酵母、核果類、綠色蔬菜等。	是一種輔酶，主要協助醣類、蛋白質、脂肪代謝，維持神經組織、皮膚與消化系統功能正常。	癩皮病、疲倦、腹瀉、皮膚炎等。
維生素B_6	廣泛存在於食物中，如：全穀類、肉類、蛋類、深色蔬菜、馬鈴薯、香蕉、酪梨等。	促進蛋白質代謝、合成荷爾蒙和神經傳導物質、幫助造血、維持皮膚與神經系統健康，也可以預防懷孕初期孕吐狀況。	貧血、皮膚炎、神經系統失調、失眠等。
維生素B_9（葉酸）	肝臟、酵母、蘆筍、柳丁、莢豆類、葉菜類等。	合成DNA的必需因子，能促進核蛋白、核酸的合成，促進血球增生與胎兒神經發育。	巨球性貧血、生長遲滯，孕婦若缺乏時易導致流產，或產下神經缺陷的畸形兒。

礦物質	食物來源	功能	缺乏症
維生素 B_{12}	僅存於動物性食物中，如：肉類、肝臟、蛋類、乳製品、魚類等。	維護神經系統健康、協助代謝脂肪酸、維護細胞正常生長。	惡性貧血、疲倦嗜睡等。

（六）水（Water）

水是維持生命不可或缺的要素。人體中水分約占體重的 55 ～ 70%，缺水超過 20%即會有生命危險。人體細胞約有 65% 是水構成的，血液中約含有 10% 的水分，甚至堅硬的骨骼中也約含約 30% 的水分。

一般狀況下，成人每天所需的水分約 2000 ～ 3000 c.c，其來源是從一般飲用水、飲料及食物中所獲取。水的主要功能：

1. 構成人體細胞的主要成分。
2. 參與細胞的物理及化學反映。
3. 運維持正常的新陳代謝，促進廢物排泄。
4. 調節體溫。
5. 滋潤組織、減少器官之間的摩擦。
6. 促進食物消化及吸收作用。
7. 調節體內酸鹼平衡。

三、均衡飲食原

世界衛生組織指出，不健康飲食、缺乏運動、不當飲酒及吸菸是非傳染病的四大危險因子，聯合國大會亦於 2016 年 3 月宣布 2016 至 2025 年為營養行動十年，說明了健康飲食備受國際重視。以下介紹均衡飲食原則：

（一）每日飲食指南

爲強化民眾健康飲食觀念、養成良好的健康生活型態、均衡攝取各類有益健康的食物，進而降低肥胖盛行率及慢性疾病行政院衛生福利部國民健康署編製「每日飲食指南」（圖 5-1），提出適合多數國人的飲食建議。依據衛福部建議，三大營養素占總熱量比例範圍爲：蛋白質 10-20%、脂質 20-30%、醣類（碳水化合物）50-60%，一個健康的成年人每日建議攝取六大類食物分量如下：

圖 5-1　每日飲食指南

1. 全穀雜糧類 1.5 ～ 4 碗：以一般家用飯碗爲基準，1 碗飯約 200 公克，依體型、活動量與需要量增減，1 碗飯 = 2 碗粥 / 麵條 = 小番薯 2 個（220g）= 玉米 2 又 1/3 根 = 麥片 80g = 全麥土司 2 片。
2. 乳品類 1.5 ～ 2 杯：牛奶一杯 240CC= 全脂奶粉 4 湯匙 = 起司片 2 片 = 優格一小杯（210g）。
3. 豆魚蛋肉類 3 ～ 8 份：一份 = 蛋 1 個 = 嫩豆腐半塊（140 公克）= 傳統豆腐 3 格（80g）= 魚、肉類各 1 兩（37.5 公克）= 無糖豆漿一杯。

4. 蔬菜類 3 ～ 5 碟：1 碟以 100 公克計（大約是飯碗大半碗），每天至少要吃 3 碟以上，其中深綠色或深黃色蔬菜至少要 1 碟，生菜沙拉不含醬大約 100g。
5. 水果類 2 ～ 4 份：1 份約 100 公克，大約是拳頭大，建議至少有 1 份是枸櫞類的水果。水果和蔬菜所含的礦物質、維生素種類不盡相同，故不能互相取代。
6. 油脂 3 ～ 7 茶匙堅果種子類 1 份：油脂一份為 1 茶匙約 5g，最好選擇棕櫚油、椰子油、可可油之外的植物油。堅果種子類 1 份約為 1 湯匙，大約是花生 10 顆、腰果 5 顆的分量。

（二）均衡的飲食原則

根據飲食指南，每天從三餐之中平均攝取由六大類食物提供的各種營養素，即是「均衡的膳食」，均衡的膳食除了提供身體基本營養需求之外，更可保障健康，降低中老年期罹患慢性病的機率。行政院衛福部為了國民的健康，提出了「國民飲食指標」共 12 項原則：

1. 飲食應依『每日飲食指南』的食物分類與建議份量，適當選擇搭配（圖 5-2）。特別注意應吃到足夠量的蔬菜、水果、全穀、豆類、堅果種子及乳製品。
2. 了解自己的健康體重和熱量需求，適量飲食，以維持體重在正常範圍內。熱量攝取多於熱量消耗，會使體內囤積過多脂肪，使慢性疾病風險增高。

圖 5-2　均衡飲食金字塔

3. 維持多活動的生活習慣，每週累積至少 150 分鐘中等費力身體活動，或是 75 分鐘的費力身體活動。與單純減少熱量攝取相較，藉由身體活動增加熱量消耗是更健康的體重管理方法，活動量調整可先以少量爲開始，再逐漸增加到建議活動量。

4. 母乳哺餵嬰兒至少 6 個月，其後並給予充分的副食品。嬰兒六個月後仍鼓勵持續哺餵母乳，同時需添加副食品，並訓練嬰兒咀嚼、吞嚥、接受多樣性食物，包括蔬菜水果，並且養成口味清淡的飲食習慣。媽媽哺餵母乳時，應特別注意自身飲食營養與水分的充份攝取。

5. 三餐應以全穀雜糧爲主食。食物之加工精製過程，許多對人體有利之微量成分均被去除，全穀（糙米、全麥製品）或其他雜糧含有豐富的維生素、礦物質及膳食纖維，更提供各式各樣的植化素成分，對人體健康具有保護作用。

6. 多蔬食少紅肉，多粗食少精製。飲食優先選擇原態的植物性食物，如新鮮蔬菜、水果、全穀、豆類、堅果種子等，以充分攝取微量營養素、膳食纖維與植化素。盡量避免攝食以大量白糖、澱粉、油脂等精製原料所加工製成的食品，因其大多空有熱量，而無其他營養價值。

7. 飲食多樣化，選擇當季在地食材。每種食物之成分均不相同，增加食物多樣性，可增加獲得各種不同種類營養素及植化素之機會，也減少不利於健康食物成分攝入之機會。當季食材乃最適天候下所生產，營養價值高，最適合人們食用。

8. 購買食物或點餐時注意份量，避免吃太多或浪費食物。購買與製備餐飲，應注意份量適中，盡量避免加大份量而造成熱量攝取過多或食物廢棄浪費。

9. 盡量少吃油炸和其他高脂高糖食物，避免含糖飲料。盡量避免高熱量密度食物，如油炸與其他高脂高糖的食物。甜食、糕餅、含糖飲料等也應該少吃，以避免吃入過多熱量。每日飲食中，添加糖攝取量不宜超過總熱量的 10%。

10. 口味清淡、不吃太鹹、少吃醃漬品、沾醬酌量。重口味、過鹹、過度使用醬料及其他含鈉調味料、鹽漬食物，均易吃入過多的鈉，而造成高血壓，也容易使鈣質流失。注意加工食品標示的鈉含量，每日鈉攝取量應限制在 2400 毫克以下，並選用加碘鹽。

11. 若飲酒，男性不宜超過 2 杯 / 日（每杯酒精 10 公克），女性不宜超過 1 杯 / 日。但孕期絕不可飲酒。長期過量飲酒容易造成營養不均衡、傷害肝臟，甚至造成癌症。酒類每杯的份量是指：啤酒約 160 毫升，紅、白葡萄酒約 66 毫升，威士忌、白蘭地及高粱酒等烈酒約 20 毫升。

12. 選擇來源標示清楚，且衛生安全的食物。食物應注意清潔衛生，且加以適當貯存與烹調。避免吃入發霉、腐敗、變質與汙染的食物。購買食物時應注意食物來源、食品標示及有效期限。

（三）素食飲食指標

臺灣素食人口超過 250 萬人，已達總人口的 10%，依衛福部國民健康署發布 2018 年的〈新版素食指標〉有下列 8 項：

1. 依據指南擇素食，食物種類多樣化

98 年衛生福利部公布素食的種類分爲：「純素或全素」、「蛋素」、「奶素」、「奶蛋素」及「植物五辛素」五種，可隨個人飲食習慣決定是否攝食奶、蛋、植物五辛（蔥、蒜、韭、蕎、興渠）食物。

2. 全穀雜糧為主食，豆類搭配食更佳

豆類食物包含黃豆、黑豆、毛豆及其加工製品（例如：傳統豆腐、小方豆干）主要提供蛋白質。豆類和全穀雜糧類蛋白質組成不同，兩者一起食用能達到「互補作用」，避免必需胺基酸缺乏的情形發生，因此建議每餐應有全穀雜糧類和豆類的互相搭配組合。

3. 烹調用油常變化，堅果種子不可少

減少「飽和脂肪酸」，增加「單元不飽和脂肪酸」以及適量「多元不飽和脂肪酸」之攝取。各類油脂中橄欖油、芥花油、苦茶油單元不飽和脂肪酸含量較其他種油類高；葵花油、大豆沙拉油等含有較高之多元不飽和脂肪酸，椰子油和棕櫚油爲植物油，其所含飽和脂肪酸比例高。建議隨烹調方法經常變換烹調用油。堅果類含有植物性蛋白質、脂肪、維生素 A、維生素 E 及礦物質。建議每日應攝取一份堅果種子類食物，同時多樣化選擇以達到均衡營養。

4. 深色蔬菜營養高，菇藻紫菜應俱全

深色蔬菜含有較多的維生素與礦物質，建議每日至少一份深色蔬菜。可藉由藻類（如：海帶、紫菜）增加維生素 B_{12} 的來源，攝取約 1 張海苔壽司皮就可獲得一天所需的維生素 B_{12}。此外，蔬菜中的菇類在栽培過程能形成維生素 D。

5. 水果正餐同食用，當季在地份量足

此素食者可由新鮮水果獲得維生素 C，當體內維生素 C 含量增加，可促進食物中鐵質的吸收。故建議於三餐用餐，不論餐前、餐中、餐後同時攝食水果，且每日攝取應達 2 份以上，並選擇當地當季盛產水果。

6. 口味清淡保健康，飲食減少油鹽糖

日常烹調時應減少使用調味品，並多用蒸、煮、烤、微波代替油炸的方式減少烹調用油量。建議民眾平時少吃醃漬食物、調味濃重、精製加工、含糖高及油脂熱量密度高的食品，減少油、鹽、糖的攝取，養成少油、少鹽、少糖的飲食習慣。

7. 粗食原味少精製，加工食品慎選食

太多加工與精製過程，容易導致營養成分流失，所以未精製植物性食物較精製食物含有更多豐富的營養成分。許多素食加工食品利用大豆分離蛋白、麵筋、蒟蒻或香菇梗等，製成類似肉類造型或口感的仿肉食品，爲了使素食仿肉食品風味更佳，常會使用多種食品添加物，所以建議素食者應多選擇新鮮食材，少吃過度加工食品，應多選擇「粗食」。

8. 健康運動３０分，適度日曬２０分

日常生活充分的體能活動是保持健康不可或缺的要素，藉由適量熱量攝取，配合能夠增加新陳代謝速率的體能運動，是最健康的體重管理方法；建議維持健康多活動，每日至少 30 分鐘。素食者除進行適度的體能活動外，爲避免維生素 D 缺乏，每天還需要日曬 20 分鐘，體內才能產生充足的維生素 D，可幫助鈣的吸收與骨鈣沉積。

第二節 食物選購與儲存

食物的品質攸關身體的健康，能夠分辨食物的優劣，並選擇適當的儲存方式，避免食物腐壞變質是保持食物品質的第一步。以下分別介紹各類生鮮食物與加工食品的選購及儲存原則。

一、全穀雜糧類

傳統上稱爲「主食」，於飲食中食用量最多，包含米飯、麵食、紅豆、綠豆、芋頭、山藥、地瓜、馬鈴薯、蓮藕等。

1. 選購原則：

(1) 穀類的穀粒要堅實飽滿、完整不碎裂、無異物雜質、乾燥無黴味，避免過分加工，以免營養流失。全穀類更易酸敗，不可存放過久，選擇小包裝爲佳。

(2) 根莖類宜選擇新鮮飽滿、表皮不乾皺、無損傷、無發黴、未長芽者。

2. 儲存方式：

(1) 穀類宜存放在密閉容器內，置在低溫乾燥處。例如：糙米可放在密閉、乾燥的容器內，再置於冰箱冷藏庫儲存。

(2) 根莖類食物可存於室溫，然應及早食用完畢。

二、豆類

豆類提供豐富的植物性蛋白質，爲素食者主要的飲食蛋白質來源。藉豆類食物得到飲食蛋白質，可避免吃太多肉類而同時吃入過多脂肪，尤其是飽和脂肪，減少身體的負擔。

1. 選購原則：

(1) 選購豆類以外形完整飽滿、色澤均勻、未發芽者爲佳。

(2) 豆製品則要注意外觀或包裝完整、色澤正常自然、沒有黏液及酸味者佳。豆製品容易酸敗，不法廠商易添加過量防腐劑，選購時要注意顏色自然、無刺鼻味道且標示清楚者。

2. 儲存方式：

(1) 乾豆類最好以密閉容器裝妥，放在陰涼乾燥處保存。

(2) 豆包、豆皮可以冷凍、冷藏保存。

(3) 豆干、素雞等豆製品，宜洗淨瀝乾水分後置放於冷藏室保存。

(4) 豆腐可浸泡在鹽水中冷藏保存。豆腐若放於冷凍，即變成凍豆腐了。

三、蛋類

蛋類主要指各種家禽的蛋，其中又以雞蛋最爲普遍。它含有豐富的蛋白質，而且是所有食物蛋白質中品質最佳的。除了蛋白質，蛋黃中也含有脂肪、膽固醇、豐富的維生素 A、維生素 B_1、B_2 和鐵、磷等礦物質，因此蛋可說是既便宜又營養的食物。

1. 選購原則：

(1) 蛋的外殼以粗糙無光澤、色澤均勻者佳。表面光滑的蛋已較不新鮮。

(2) 氣室小、蛋白濃稠、蛋黃渾圓凸起未散開的蛋較新鮮。

(3) 蛋若放置於 6% 食鹽水中，下沉的蛋較新鮮。

(4) 皮蛋宜選擇蛋殼無黑色或黑褐色斑點，包裝完整無破損者。

2. 儲存方式：

(1) 以乾的布巾擦淨後，尖端朝下、鈍端朝上放於冰箱冷藏保存，最好於 10 ～ 15 天食用完畢。

(2) 皮蛋於室溫下保存。

四、魚類

包括各種魚、蝦、貝類、甲殼類、頭足類等俗稱「海鮮」的水產動物性食物。魚類食物含有豐富的動物性蛋白質，但脂肪含量平均較禽畜肉類低，且其脂肪酸之組成較肉類更為健康。

1. 選購原則：

 (1) 魚類要選擇鱗片完整、鰓鮮紅、眼珠透明未凹陷、腹部堅實未破裂、肉質彈性佳、無腥臭異味者較新鮮。

 (2) 蝦則選擇活蝦為佳，頭身未分離、外觀完整、肉質有彈性者。

 (3) 貝類外觀正常無異味，兩者互敲聲音清脆，蚌殼緊閉者佳。

2. 儲存方式：

 (1) 魚類要去除鱗片、內臟、魚鰓，包妥後放於冷凍儲存。

 (2) 魚類易腐敗，當日不食用者以冷凍保存，但不宜存放太久，應儘速食用完畢。

五、肉類

肉類食品包括家禽和家畜的肉、內臟及其製品，肉類食物中一般也含有較多的脂肪，對心血管的健康較不利，故應適量選用較瘦的肉。顏色越紅的肉中鐵質含量較多利用率也好，需要補充鐵質者可適量選擇。

1. 選購原則：

 (1) 肉色正常、富光澤有彈性、無黏性、無異味、表面沒有潮濕出水現象。

 (2) 健康的家禽眼睛明亮、頭冠為鮮紅色、羽毛具光澤、活動力旺盛。屠宰後的家禽，應選擇外觀膚色正常、毛囊細小、肉質有彈性、無異味者。

(3) 冷藏或冷凍的肉品，選擇有 CAS 優良肉品標示較有保障。

2. 儲存方式：

(1) 冷藏肉類儲存時間不宜超過 24 小時，若無法在 1 天食用完畢宜採冷凍處理。肉品要採一次食用的分量分成小包裝冷凍，不宜反覆解凍、冷凍，肉質會變差且不新鮮。

(2) 小塊碎肉、絞肉、內臟類最易腐壞，不宜保存過久，購買之後要儘快食用。

六、乳品類

乳類食品爲哺乳動物的乳汁及其製品，選擇各種乳品時，應注意避免同時吃入過多添加糖。

1. 選購原則：

(1) 鮮奶類選擇包裝完整、有完整製造日期及保存期限、無沉澱、無分離現象，滴在指甲上呈圓球狀，並且包裝上有政府認證的純鮮奶標誌者（圖 5-3），才是安全乳品。

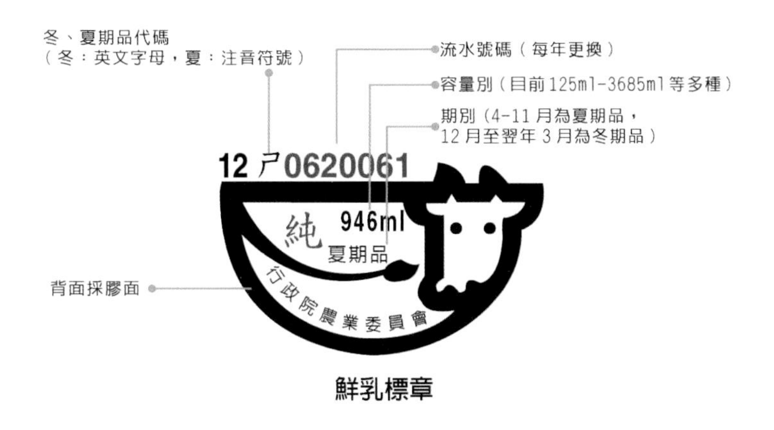

圖 5-3　鮮奶標章。

(2) 奶粉選擇內容物呈乳白色粉粒大小一致的粉末，無雜質、無結塊、無酸味、無異味者。

2. 儲存方式：

(1) 鮮奶應存放於冷藏室中。最好選擇小包裝一次喝完，或應蓋妥再冷藏保存，否則很容易吸收冰箱中其他食物味道，影響風味。

(2) 奶粉可於室溫中儲存，放陰涼乾燥處即可。奶粉應以乾淨、乾燥的湯匙取出所需分量後立即蓋妥以免受潮，並在有效期限內食用完畢。

七、蔬菜類

根據食用的部份可區分為：葉菜類、花菜類、根菜類、果菜類、豆菜類、菇類、海菜類等，葉菜類我們食用莖葉部份，例如：菠菜、高麗菜、大白菜。，每日三餐的蔬菜，宜多變化，並選擇當季在地新鮮蔬菜為佳。

1. 選購原則：

(1) 當季、當地盛產的蔬菜價格便宜且品質優良，應優先選購。或是注意是否有有機農產品或吉園圃標章之安全蔬果。

(2) 蔬菜表面如有藥斑或不正常的化學藥品味請勿購買。

(3) 蔬菜類選擇新鮮外形完整，葉面有光澤者即可。不要刻意選購過於肥美、完整、無蟲咬者。

(4) 瓜果類選擇果實飽滿、色澤自然鮮美、表皮無斑痕、斑點者。

2. 儲存方式：

(1) 葉菜類可放於冰箱下層冷藏保存。不必清洗、只要去除泥土汙垢、殘葉以可透氣塑膠袋包妥即可。

(2) 瓜果類蔬菜（如：南瓜、胡瓜、茄子、青椒、甜椒等）可於室溫保存，也可冷藏保存。冷藏保存時需多包 1 ～ 2 層紙，再放入冰箱下層即可。

(3) 根莖類蔬菜通常放在室溫、通風陰涼處保存即可。

(4) 部分蔬菜可以冷凍（如：胡蘿蔔、豌豆仁等），葉菜類不適合冷凍。冷凍後的蔬菜解凍後即不適合再冷凍，應立刻烹調食用。

(5) 蔬菜愈新鮮食用營養價值愈高，儲存愈久營養流失愈多。

八、水果類

水果類食物主要是植物的果實，於採收後於室溫貯存，逐漸發生「後熟」現象，質地逐漸軟化、並產生特殊的香味且甜度大增。不希望吃入過多糖類者，可選擇食用「未後熟」或「後熟程度較低」的水果。

1. 選購原則：

(1) 水果應選擇當季、本地盛產為佳。選購新鮮、果皮完整、果實堅實、有光澤、拿起來有沉重感、無蟲咬、無壓傷者。

(2) 非當季生產或進口水果常使用藥物處理以延長保存期限，消費時宜審慎考慮。

2. 儲存方式：

(1) 水果儲存前不需清洗，以紙袋或可透氣塑膠袋裝妥置入冰箱下層即可。

(2) 部分水果（如：香蕉、檸檬、木瓜、芒果、鳳梨等）只要放於室溫保存即可，放在冰箱中會有冷害影響食用品質，果皮也易變褐色或有斑點。

(3) 水果與與蔬菜同，需趁新鮮食用營養價值較高。

九、油脂類

包含一般食用油、人造油、利用植物油或動物油做成的抹醬或醬料，比較特別的是常被當成水果販賣的酪梨，因富含脂肪，亦屬油脂類。

1. 選購原則：

   (1) 依用途購買適合的食用油，例如：要高溫油炸時應選擇安定性較高的食用油。

   (2) 植物油含有較豐富不飽和脂肪酸，可降低血液中膽固醇，宜多選用。不飽和脂肪酸含量最高者爲紅花籽油，橄欖油、葵花油等含量亦豐。

   (3) 油脂易與空氣作用酸敗，應選擇清澈無氣泡、無雜質、無沉澱物、標示清楚、包裝完整或有優良食品標章者。

2. 儲存方式：

   (1) 常溫下儲存，放於陰涼乾燥處即可，不要靠進爐火或陽光可照射到之處。

   (2) 使用過的油可另外盛裝，盡速用完，不可再倒回原來的油桶之中。

第三節　食品的衛生與安全

所謂食品衛生是指由栽培（或養殖）、生產、製造到最後消費者爲止在全過程中爲確保食品的安全性、完全性、健全性所必須的一切措施。

一、影響食品安全的因素

臺灣溫暖潮濕的氣候適合細菌孳生繁殖，容易造成食物腐壞變質。若再加上人為的因素，例如：食物烹調處理過程的汙染、有害添加物、有毒原料等，都會增加食物中毒的危險。以下提供影響食品安全的因素：

（一）食物本身腐敗

食物敗壞最主要的因素是細菌、酵母、黴菌等微生物孳生。充足的水分、適宜的溫度、合宜的酸鹼度、氧氣、足夠的養分是微生物繁殖的必備條件，而食物中的酵素也會受到這些因素影響而使食物變質腐壞。因此只要善加控制食物腐敗的因素，就可以達到防腐的目的，但注意已腐敗的食物即使經煮沸或加工處理也不能食用，已過保存期限的食品也不要食用。

（二）冷藏冷凍或加熱不當

10℃～55℃是食物保存的危險溫度帶，保溫食物應在65℃以上，冷藏食物冰箱溫度維持在5～7℃以下，冷凍溫度則應維持在-18℃以下。

（三）食物儲存環境不當

需冷凍的食物應分裝冷凍，以一次使用量為一包，以避免反覆解凍、冷凍而影響食物品質。冰箱應固定清潔，存放食物時應留有30～40%的空隙，塞滿食物會使得冰箱機能下降而提高食物腐敗機率。室溫儲存食物應有妥善包裝，否則易遭螞蟻、蒼蠅、蟑螂等昆蟲汙染或鼠類啃食，造成食物損壞變質。

（四）個人衛生行為

接觸食物者個人衛生行為不佳，例如：未穿戴合適工作衣帽與圍裙、本身患有疾病或手部有傷口未隔離、打噴嚏未戴口罩、如廁後未洗手等，皆容易將微生物帶到處理的食物上而影響安全。

（五）生熟食交互汙染

廚房應備有兩套砧板與刀具，分別處理生食與熟食，以避免交叉汙染。洗滌與切割食物時，也應該把握由低汙染食物先處理的原則：乾貨 → 加工食品 → 蔬菜、水果 → 牛、羊肉 → 豬肉 → 雞、鴨肉 → 蛋類 → 海鮮類。

（六）不當的食物容器

熱食不宜用保麗龍盒及不耐熱的塑膠製品盛裝，此外，塑膠材質的餐盒、杯等，應避免盛裝含油脂或酸鹼類的食品，有腐蝕疑慮。

（七）食物本身含病原菌或毒性

有些動植物或魚貝類，生長過程中已有寄生蟲或病原菌附著，若未煮熟食用即會危害健康。也有部分食物本身含有毒素，如：發芽的馬鈴薯、河豚的內臟、有毒的菇蕈類等，誤食時會影響健康甚至喪命。

（八）化學物質汙染

環境中的化學物質汙染了食物，如：含鎘的米、含鉛的蚵食用之後會造成中毒；而殘留的農藥、非法的添加物等均不易以肉眼判斷，其中毒反應多屬慢性中毒，不易察覺，容易被疏忽。

二、食品中毒

（一）定義

食品中毒係指因攝食汙染有病原性微生物、有毒化學物質或其他毒素之食品而引起之疾病，主要引起消化及神經系統之異常現象，最常見之症狀有嘔吐、腹瀉、腹痛等。

（二）分類

食品中毒依致病原因分類，可分爲細菌性、天然毒素、化學性與眞菌毒素四種食品中毒類別。

1. 細菌性食品中毒：引起食品中毒最主要因素，依致病方式不同可分爲：

   (1) 感染型：食品受到微生物汙染後，在食物中存在大量菌體。如：沙門氏菌、腸炎弧菌。臺灣地區夏季發生的食品中毒事件八成以上是腸炎弧菌所引起的。腸炎弧菌不耐熱，在 80℃環境 1 分鐘以上即死亡，所以只要不生食海鮮即可避免。

   (2) 毒素型：會產生大量毒素而致病。如：金黃色葡萄球菌、肉毒桿菌、仙人掌桿菌。金黃色葡萄球菌產生的腸毒素在煮沸 100℃ 30 分鐘之後仍不被破壞，不可不愼。

   (3) 中間型：病原性大腸桿菌即屬此型，分布廣泛，環境之中及動物體內普遍存在。

2. 天然毒素食品中毒：

   (1) 植物性：顏色鮮豔的毒菇、毒莓、毒扁豆、木薯、苦杏仁、發芽的馬鈴薯等。

   (2) 動物性：河豚卵巢與內臟、毒鯽、毒貝類等。

3. 化學性食品中毒：

   (1) 農藥、有毒非法食品添加物：如硼砂、非食用色素、雙氧水漂白劑、甲醛等。

   (2) 重金屬：如砷、鉛、銅、汞、鎘等。

4. 真菌毒素食品中毒：黴菌易生長於溫暖潮濕的環境，其中黃麴黴菌所分泌的黃麴毒素含有劇毒，主要易受汙染的農產品有：米、麥、玉米、花生、黃豆、高粱等穀類及其製品。

（三）食品中毒的預防與處理

1. 食品中毒的預防原則：

(1) 保持新鮮：所有農、畜及水產品等食品原料及調味料添加物，儘量保持其鮮度。

(2) 保持清潔：食物應澈底清洗，調理及貯存場所、器具、容器均應保持清潔，工作人員衛生習慣良好。

(3) 避免交叉汙染：生、熟食要分開處理，廚房應備兩套刀和砧板，分開處理生、熟食。

(4) 加熱冷藏：保持熱食恆熱、冷食恆冷原則，超過 70℃以上細菌易被殺滅，7℃以下可抑制細菌生長，-18℃以下不能繁殖，所以食物調理及保存應特別注意溫度的控制。

(5) 個人衛生：

① 養成良好個人衛生習慣，調理食物前澈底洗淨雙手。

② 手部有化膿傷口，應完全包紮好才可調理食物（傷口勿直接接觸食品）。

(6) 避免疏忽：餐飲調理，應確實遵守衛生安全原則，按步就班謹慎工作，切忌因忙亂造成遺憾。

2. 衛生署提出預防食物中毒「五要」原則：

(1) 要洗手：調理食品前後需澈底洗淨雙手，有傷口要包紮。

(2) 要新鮮：食材要新鮮，用水要衛生。

(3) 要生熟食分開：處理生熟食需使用不同器具，避免交叉污染。

(4) 要澈底加熱：食品中心溫度超過 70℃，細菌才容易被消滅。

(5) 要注意保存溫度：保存低於 7℃，室溫不宜放置過久。

三、食品添加物

爲增加食物色、香、味與提升營養價值，並防止食物腐敗、延長保存期限，常在食品中加入少量的天然或化學物質，此類物質即爲食品添加物。

《食品衛生管理法》定義食品添加物爲是「指爲食品著色、調味、防腐、漂白、乳化、增加香味、安定品質、促進發酵、增加稠度、強化營養、防止氧化或其他必要目的，加入、接觸於食品之單方或複方物質。複方食品添加物使用之添加物僅限由中央主管機關准用之食品添加物組成，前述准用之單方食品添加物皆應有中央主管機關之准用許可字號。」。

依據我國行政院衛福部公告的《食品添加物使用範圍及用量標準》，將合法的食品添加物依用途分爲 17 類，並訂有「准用之食品種類」及「用量上限」。

常見的食品添加物種類如下：

種類	項目	常用的食品	生理疾病
色素	鹽基性芥黃	糖果、麵條、黃蘿蔔、酸菜、豆腐干	心跳加快、頭痛、意識不清，長期攝取會導致肝癌
	鹽基性桃紅精	蛋糕、糖果、紅薑、梅子、肉鬆	全身著色、排紅色尿液
	奶油黃	蛋糕、糖果	肝癌
	硫酸銅	青豆仁、海帶	腹痛、嘔吐、痙攣

種類	項目	常用的食品	生理疾病
防腐劑	福馬林	酒類、肉製品、乳製品	頭痛、昏睡、嘔吐、呼吸困難
	硼砂（俗稱冰西）	丸子、油麵、粄條、鹼粽、年糕、燒餅、油條、魚類、蝦仁	積存於體內產生硼酸症，紅斑、嘔吐、腹瀉、休克、昏迷。致死量成人約20克，小孩約5克
漂白劑	吊白塊（含甲醛成分）	肉製品、奶製品、蓮藕、洋菇、芋頭、牛蒡、蘿蔔乾	引起蛋白變性，妨害體內消化酵素作用，頭痛、暈眩、呼吸困難、嘔吐症狀
	過氧化氫（雙氧水）	麵粉、魚肉	頭痛、嘔吐
	螢光增白劑	洋菇、蘿蔔乾、四破魚、吻仔魚	致癌
人工甘味劑	糖精	蜜餞、飲料	肝臟、脾臟腫脹
凝固劑	氧化鉛、銅鹽	皮蛋	鉛中毒現象
塑化劑	DEHP、DINP等	食物包材、塑膠容器、玩具、化妝品、運動飲料、果汁飲料、茶飲料、果醬、果漿或果凍、膠狀粉狀之劑型等使用起雲劑者	影響生殖機能或有致癌危險

四、食品加工

食品加工是指將生食經由各種處理方式（物理、化學、微生物），改變食物形態使其更適合食用、烹調及儲存，主要具有能提高可食性、利於保存、改變食品風味、便於儲存、具備營養以及提升安全性等優點。

加工方式	作法	圖例
罐頭加工	利用馬口鐵罐、玻璃罐、瓷瓶、鋁罐、紙罐、塑膠罐等容器保存食物，如：水果、飲料、農畜水產罐頭等。	
冷藏及冷凍加工	將食物置於低溫以抑制微生物生長，如：冷凍冷藏蔬果、農畜水產、冷凍調理食品等。	
釀造發酵加工	利用微生物加入食品中改變原料品質的方式，如：釀酒、醬油、豆瓣醬、味噌等發酵食品等。	
脫水乾燥加工	以乾燥方式減少食物水分以降低水活性，如：乾燥蔬果、奶粉、蝦米、魚乾、菜乾、蘿蔔乾等。	
醃製加工	利用糖、鹽等放入食物之中，增加滲透壓，以抑制微生物生長，如：醃肉、醃漬蔬果、蜜餞、醬菜、泡菜等。	

加工方式	作法	圖例
煙燻加工	利用木材的不完全燃燒所生煙中的防腐成分，及火溫產生的乾燥效力的加工，也賦予食物不同風味，如：燻肉、燻鴨、香腸、火腿等。	
化學藥劑法	利用殺菌劑、防腐劑來保存食品所作的加工。	
食品包裝法	以適當材料與技術將食品與外界空氣隔離，如：眞空包裝、充氮包裝、無菌包裝之食品。	

第四節　膳食相關行業介紹

現代人對飲食的需求已不是只求溫飽，更要求精緻、營養、健康，甚至是生活中的品味與藝術，因此膳食本身就就涵蓋了各種專業。若欲從事與膳食相關行業，必須充實相關知識技能，考取國家證照，累積工作能力。

一、膳食相關行業

1. 餐飲服務業：各式餐廳、飯店、複合式餐飲、團膳、外燴服務等從業人員。如：廚師、烘焙師傅、點心師傅、調酒師、吧臺人員、飯店餐廳內外場服務人員等。
2. 醫療保健業：醫院、醫療保健機構中的營養部門，協助一般營養諮詢或設計及製作膳食。例如：醫院的營養師、衛生所的公共衛生營養師等。
3. 教育推廣行業：營養學家、教師等教學工作推廣者。例如：在學校中擔任家政、餐飲、食品加工教師，及在職訓中心教授餐飲相關技能之訓練師，在社區、社團中擔任膳食教學推廣者。
4. 食品加工業：食品研發人員、分析檢驗人員、品管人員、食品衛生管理師、食品加工製造人員等。
5. 政府行政機關之公職：經過中央高考、普考或地方特考，在衛生行政機構（行政院衛福部、縣市衛生局）從事與衛生管理相關工作之人員。如：食品衛生員。
6. 行銷企劃業：企劃餐旅機構活動行銷、分析餐旅市場資訊提供最新服務等。
7. 餐飲文化業：食譜編寫、餐飲相關媒體、報章雜誌餐飲資訊編寫等。
8. 其他：自行創業、小吃店、食品材料行等。

二、膳食行業相關專業證照

1. 營養師、食品技師。
2. 教師證（餐飲管理科、家政科、食品加工科）。
3. 食品檢驗分析技術士（丙級、乙級）。

4. 肉製品加工技術士（丙級）：分乾燥類、調理類、乳化類、顆粒香腸醃製類。

5. 中餐烹調技術士：葷食（丙級、乙級）、素食（丙級、乙級）。

6. 中式米食加工技術士（丙級、乙級）。

7. 中式麵食加工技術士（丙級、乙級）。

8. 烘焙食品技術士（丙級、乙級）。

9. 西餐烹調技術士（丙級、乙級）。

10. 調酒技術士（丙級）。

11. 飲料調製技術士（丙級、乙級）。

12. 餐旅服務技術士（丙級）。

重點摘要

5-1 均衡的營養與膳食

1. 行政院衛福部 2018 年 3 月公布每日飲食指南將食物分為：全穀雜糧類、豆魚蛋肉類、乳品類、蔬菜類、水果類、油脂與堅果種子類。

2. 營養素分為六大類：醣類、蛋白質、脂肪、礦物質、維生素、水。其中醣類、蛋白質、脂肪為熱量來源。

3. 每日所需總熱量中，醣類占 58 ～ 68%，蛋白質占 10 ～ 15%，脂肪占 20 ～ 30% 較適宜。

4. 醣類的功能：

   (1) 供給熱能。

   (2) 幫助肪氧化代謝。

   (3) 構成身體組織。

   (4) 節省蛋白質。

   (5) 促進腸道蠕動。

5. 蛋白質的功能：

   (1) 供給熱能。

   (2) 建造、修補身體組織。

   (3) 調節、維持生理機能。

   (4) 促進生長發育。

6. 脂肪的功能：

   (1) 供給熱能。

   (2) 構成身體組織

   (3) 協助脂溶性維生素的吸收利用

   (4) 增加食物風味。

   (5) 產生飽足感。

7. 脂溶性維生素：維生素 A、D、E、K。

8. 人體細胞約有 2/3 是水構成的，水分約占體重的 55 ～ 70%。

9. 衛福部 2018 年 3 月公布每日飲食指南，建議成人每日攝取分量為：

   (1) 全穀雜糧類 1.5 ～ 4 碗。(2) 乳品類 1.5 ～ 2 杯。

   (3) 豆魚蛋肉類 3 ～ 8 份。(4) 蔬菜類 3 ～ 5 碟。

   (5) 水果類 2 ～ 4 份。(6) 油脂 3 ～ 7 茶匙堅果種子類 1 份。

5-2 食物選購與儲存

1. 穀類宜選擇穀粒堅實飽滿，乾燥無黴味者。宜存放於乾燥、低溫、密閉容器內。

2. 根莖類選擇新鮮飽滿、未長芽者。室溫儲存即可。

3. 新鮮的蛋，蛋殼粗糙無光澤、蛋白濃稠、蛋黃渾圓凸起未散開。可冷藏保存。

4. 新鮮的魚肉質彈性佳、鱗片完整、魚鰓鮮紅、腹部堅實、眼珠透明未凹陷。當日不食用的魚宜冷凍保存。

5. 植物油含較豐富不飽和脂肪酸，可降低血中膽固醇。其中以紅花籽油中之不飽和脂肪酸含量最豐富。

5-3 食品的衛生與安全

1. 影響食品安全的因素：

    (1) 食物本身腐敗。

    (2) 冷藏冷凍或加熱不當。

    (3) 食物儲存環境不當。

    (4) 個人衛生行為不佳。

    (5) 生熟食交互汙染。

    (6) 不當的食物容器。

    (7) 食物本身含病原菌或毒性。

    (8) 化學物質汙染。

2. 危險溫度帶：10°C～ 55°C。

3. 食物的洗滌與切割順序：乾貨→加工食品→蔬菜、水果→牛、羊肉→豬肉→雞、鴨肉→蛋類→海鮮類 (魚、貝)。

4. 食品中毒依致病原因分類，可分為細菌性食品中毒、天然毒素食品中毒、化學性食品中毒、真菌毒素食品中毒。

請沿虛線撕下

課後評量

範圍：第五章

班級：__________ 座號：______ 姓名：__________

評分欄

一、選擇題（每題 4 分）

(　　) 1. 醣類是提供人體熱量的主要來源，是由下列哪些元素所構成？又稱碳水化合物 (A) 碳、氫、氧 (B) 碳、氫、氮 (C) 硫、氮、氧 (D) 硫、氫、氧。

(　　) 2. 下列何者可以構成身體組織，也可以幫助脂肪氧化代謝？ (A) 蛋白質 (B) 醣類 (C) 礦物質 (D) 維生素。

(　　) 3. 下列有關礦物質之敘述何者正確？ (A) 磷是人體中含量最多的礦物質 (B) 鋅是胰島素合成的重要成分 (C) 男性對鐵的需求量較女性大 (D) 鈉是細胞內液最主要的陽離子。

(　　) 4. 請問 1 公克的脂肪在人體消化吸收以後，可產生多少熱量？(A)4 (B)7 (C)9 (D)11 大卡。

(　　) 5. 有關各營養素的敘述，下列何者有誤？ (A) 維生素 D 又稱陽光維生素，可幫助鈣、磷的吸收利用 (B) 維生素 K 是一種凝血維生素 (C) 維生素 A 又稱生育醇，可維持正常生殖機能 (D) 維生素 B12 的主要來源爲動物性食物。

(　　) 6. 衛福部公布「成人每日飲食指南」建議成人每日攝取分量，何者爲是？ (A) 全穀雜糧類 4 ～ 6 碗 (B) 乳品類 2 ～ 3 杯 (C) 蔬菜類 3 ～ 5 碟 (D) 油脂類 1 ～ 3 茶匙。

(　　) 7. 以下食物之儲存何者較不恰當？ (A) 豆腐宜冷凍保存 (B) 皮蛋於室溫保存 (C) 鮮奶僅可冷藏保存 (D) 檸檬於室溫儲存。

(　　) 8. 下列洗滌順序何者正確？　(A) 乾香菇→胡蘿蔔→雞蛋→雞胸肉　(B) 培根→青江菜→墨魚→雞蛋　(C) 馬鈴薯→培根→雞蛋→蛤蜊　(D) 乾香菇→豆干→胡蘿蔔→雞胸肉。

(　　) 9. 維生素 B 群中的哪一種維生素對於口角炎或嘴巴破皮有很好的修復能力？　(A)B_1　(B)B_2　(C)B_6　(D)B_{12}。

(　　) 10. 臺灣地區夏季發生的食品中毒事件八成以上是哪一種細菌所引起的？　(A) 腸炎弧菌　(B) 沙門氏菌　(C) 大腸桿菌　(D) 金黃色葡萄球菌。

(　　) 11. 請問使用塑膠產品易引發塑化劑殘留，對人體會有哪些的傷害性？　(A) 噁心嘔吐　(B) 痙攣　(C) 呼吸困難　(D) 致癌。

(　　) 12. 植物油含較豐富不飽和脂肪酸，可降低血中？　(A) 膽固醇　(B) 脂肪　(C) 二氧化碳　(D) 葡萄糖。

(　　) 13. 有關「蛋白質」的功能，下列何者爲非？　(A) 供給熱能　(B) 協助脂溶性維生素的吸收　(C) 建造和修補身體組織　(D) 調節和維持生理機能。

(　　) 14. 人體細胞約有 2/3 是水構成的，水分約占體重的：　(A)45-60　(B)55-70　(C)65-80　(D)70-85　%。

(　　) 15. 利用殺菌劑、防腐劑來保存食品所做的加工法爲以下何種食品加工？　(A) 醃製加工　(B) 煙燻加工　(C) 化學藥劑加工　(D) 釀造發酵加工。

請沿虛線撕下

二、填充題（每格 4 分）

1. 食品中毒依致病原因分類，可分爲細菌性食品中毒、______________、______________與______________四種。

2. 脂溶性維生素有：維生素 A、維生素 D、__________、__________。

三、簡答題（每題 10 分）

1. 衛生署提出預防食物中毒「五要」爲何？

2. 營養素分爲哪六大類？

6

Chapter

服飾與生活

1. 瞭解服飾的功能
2. 瞭解服飾選購的要項
3. 認識織物的種類與特性
4. 辨識織物的類別
5. 建立清潔與保養服飾的知能
6. 認識服飾相關行業

俗話說：「佛要金裝，人要衣裝」，或是閩南諺語「三分水，七分妝」，外在美須要服飾的加持，而一個人的容貌、穿著與打扮，也是給人最直接的第一印象。如何選擇爲自己加分的服飾呢？首先瞭解服飾搭配的技巧、服飾織物的種類與特性，接著再習得清潔與保養服飾的專業知識，延長美麗服飾的壽命，使同學無論是日常生活穿著，或是未來進入服飾相關職場，皆能加以應用。

第一節　服飾的功能

服飾是指服裝與飾品，亦即穿戴在身上的帽子、圍巾、衣服、手套、襪子、鞋子、手提袋與首飾等，多數是人類生活的必需品。藉由服飾可觀察一個國家的文化特色、經濟水準與生活的自然環境，例如：面紗是中東地區女性的必備服飾，顯示壓抑女性的保守文化；臺灣阿美族服飾色彩豐富，顯現樂觀、活潑、開朗與熱情的原住民文化；愛斯基摩人的毛皮服飾，傳達了人類爲適應冰天雪地的自然生活環境所形成的穿著文化。

由上可知，服飾文化的形成，根源於人類的需求。心理學家馬斯洛（Maslow）將人類的需求分成七層次的金字塔（圖 6-1），即生理需求、安全需求、歸屬與愛的需求、自尊需求、知的需求、美的需求與自我實現需求，需求不同，服飾的功能就有差異。以下依需求的層次，分述服飾具備的功能。

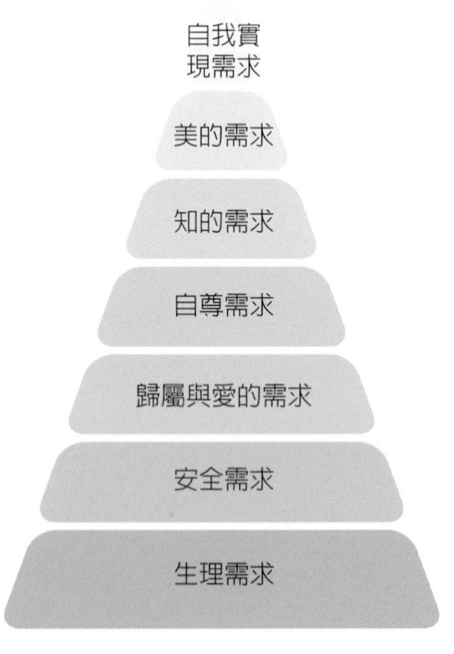

圖 6-1　需求金字塔。

一、禦寒避暑——生理需求

圖 6-2 冬天穿上外套、戴上手套以禦寒

在冬天，穿著發熱衣、毛衣與外套禦寒；在夏天，穿上薄而易於散熱的棉麻織品，或是撐把洋傘以避暑，隨著天氣的變化，藉由調整服飾，達到禦寒避暑的基本生理需求（圖 6-2）。

二、保護身體——安全需求

在酷熱的沙漠穿著長袖式的罩衫，包裹頭巾，避免人體水分蒸散；軍人爲了避免在戰場上被敵人發現，故以各式迷彩服爲僞裝（圖 6-3）；下雨天，大家穿著雨衣、雨鞋，避免淋溼（圖 6-4），都是爲了保護身體，滿足安全的需求。

圖 6-3 軍人的迷彩服有偽裝保護功能

圖 6-4 下雨天穿著雨鞋避免淋濕

三、代表職業與身分——歸屬與愛的需求

人類是群居性的動物，然而爲了分別人們的職業、身分，因而有了「制服」。如：學士服或是軍警、醫生、護士等代表專業的服裝（圖 6-5）。此外，特定族群如：童軍（圖 6-6）、球員等，都有其特定服飾。共同的服裝可創造團體的獨特性，增加認同感，滿足團體歸屬感與愛的需求。

圖 6-5　代表畢業生的學士服

圖 6-6　代表童軍的童軍服

四、代表文化——歸屬與愛的需求

服裝是民族文化發展過程中，相當重要的呈現方式，如：日本和服、韓國傳統服、滿族旗服、臺灣原住民服飾等（圖 6-7），藉由傳統服飾，可以了解文化的發展與特色，亦能滿足民族歸屬感與愛的需求。

圖 6-7　傳統服飾，由左至右依序為和服、韓服、滿服和原住民服

五、展現個性——自尊需求

由於生活水準提高，人們能選擇呈現自己獨特個性的服飾，表現個人帥氣、陽光、文質彬彬、溫柔或甜美的風采，藉由服裝傳達訊息，增進自信心，滿足自尊的需求。

六、提高效率——知的需求

圖 6-8　防潑水機能性布料

科學愈進步，服飾的種類、材質與功能也愈多（圖 6-8），例如：吸溼排汗衫、運動服、工作服、登山裝、機能內衣等，具備服飾的專業知識，選擇合適的服裝，能提高工作效率、增進生活效能，更能滿足知的需求。

七、美化人體——美的視覺需求

「Clothes make the man」（人要衣裝），服裝的線條、色彩與材質可修飾個人的身材，對婚紗來說也是，掩飾缺點、呈現優點，A 字裙可修飾下半身豐腴的感覺，魚尾裙則是比較貼身，針對身材曲線姣好的女性，通常婚紗禮服不是挑最貴最好的，而是要挑選適合自己的，通常適合自己的服飾裝扮，才是能完全展露氣質並獲得讚美，同時也滿足人們對美的視覺需求（圖 6-9）。

圖 6-9　不同的禮服風貌能使人展現不同氣質

八、滿足自我——自我實現需求

藉由服裝搭配的完美呈現，讓人愉悅與滿足，良好的服飾裝扮，不但能增進人際關係，也可以拉近人與人之間的距離，達成實現發揮潛能或創造力的自我實現需求，即最高層次的需求。

第二節　服飾的選購

一、建立正確的價值觀

服飾價值觀影響每個人對服飾的看法，進而形成服飾的消費行為，正確的服飾價值觀能做出明智的服飾消費行為，為了達到此目標，我們應該遵循「服飾三不」原則：

（一）不迷戀名牌

品牌能夠保障消費者的權利，所以選購商品時，多會考量品牌知名度。名牌即是高價位的品牌，往往可用以顯示自己的身分與地位，但對一般消費者而言，名牌並非必需品，也無法表現自己對服飾的高品味，只能滿足一時的虛榮。

（二）不盲從流行

流行的服飾並不一定適合自己的體型或個性，短腿型穿上寬鬆的滑板褲，因褲襠很長，會顯得腿更短；大臀型穿上低腰褲，須隨時拉褲子，動作不雅又非常不便；超短褲僅適合腿型修長者，腿型不佳者須避免不恰當的曝露而引人側目。

（三）不追逐高價位

俗話說：「一分錢一分貨」，但「高價位≠高品質」，爲避免花費冤枉錢，應學習並應用服飾知識且「貨比三家」，這樣才能買到「物美價廉」的商品。此外，「高價位≠高品味」，學習適當的服飾穿搭，即可創造出專屬個人的獨特品味。

家政焦點　常見的日系服飾品牌

1.UNIQLO：

在這個張揚個性的年代，UNIQLO 認為個性不在於服裝，而在於穿服裝的人；服裝如果有個性，反而很難穿著得體。

UNIQLO 是 Unique（獨一無二）和 Clothing（服裝）兩個詞的縮寫，中文名是優衣庫，全球十大休閒服飾品牌之一，以倉儲型的店鋪，自助的形式銷售服飾。在日本，年輕人把 UNIQLO 當做是 T-shirt 工場，盡情挑選能夠表達自我風格的衣服。

2.MUJI 無印良品：

創始於日本，本意是「無品牌標誌的好產品」，最大特點是極簡，產品拿掉商標，省去不必要的設計、加工、顏色，簡單到只剩下原始素材和功能；不講究外包裝，強調以商品本色示人，節省地球資源。

除了店面招牌和紙袋上的標識，在商品上，很難找到品牌標記。專賣店裡，除了紅色的「MUJI」方框，幾乎看不到任何鮮豔的顏色，大多數產品的主色調都是白色、米色、藍色或黑色，無論當年的流行色多麼受歡迎，絕不違反設計原則。

二、改正不良的服飾消費習慣

多數人都有購買多年卻只穿一、二次，甚至一次也沒穿的服飾，想要淘汰又捨不得，卻佔據擁擠的衣櫥空間，這表示我們須檢討服飾消費習慣，一般而言，不良的服飾消費習慣有以下三種：

（一）從衆性

百貨公司週年慶、跳樓大拍賣、過季商品一折起或單一價，只要一腳踏入商場，在一群人爭相搶購的氣氛下，非得搶贏他人，大包小包提回家才罷休。

（二）情緒化

心情特別壞時，有些人聽音樂或是大吃一頓抒壓，然而有些人則是上街大肆採購，尤其是購買平時捨不得買的高價位商品，藉以發洩情緒。但事後常常懊惱自己衝動的行為，例如：買了高級的蠶絲洋裝，雖然很漂亮，但穿的機會很少，加上須乾洗保養，又是一筆支出。

（三）被行銷話術蒙蔽

在售貨員不斷的讚美與遊說下，加上試衣鏡的拉長效果，使自己看起來眞的變修長了，愉悅的心情使你毫不猶豫地刷了卡。回家後才發現，根本就不是自己的 style。

二、改正不良的消費習慣

擬定服飾選購計畫，可以讓我們更有效率地完成服飾選購工作。每個人有不同的需求與經濟條件，必須依據個人生活型態，擬定不同的服飾選購計畫並依步驟執行（圖 6-10）。

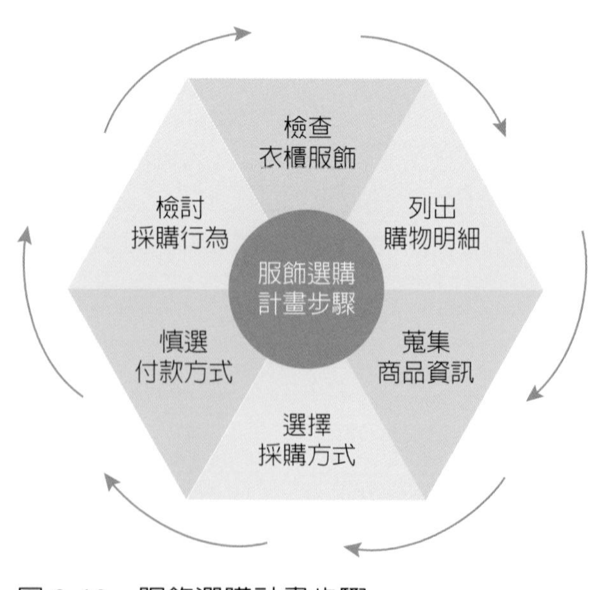

圖 6-10　服飾選購計畫步驟

（一）檢查衣櫃服飾

衣櫃管理得當，可以節省金錢與時間，居家視覺也得以改善。可先將多餘的衣服回收或捐贈（內衣褲及破損的衣物應避免，以免造成別人困擾），再依服飾類別、性質與季節分門別類擺置與收藏，使衣櫃一目了然，同時能確知各種色系或類別的服飾數量，在尋找穿搭時，就很方便了。找一天，好好整理衣櫥，給它一個清新的面貌。

1. 服飾類別：裙、褲、上衣、外套、帽子、圍巾、手套或襪子等。
2. 服飾性質：上學、上班、逛街、宴會或家居等。
3. 季節：可依春、夏、秋、冬四季分類或依春、夏與秋、冬前後季分二類。

（二）列出購物明細

依據服飾類別與性質，將服飾搭配與組合，變化出更多的穿著方式，可減少購買，再列出尚須添購的服飾，並依預算金額、急迫性與實用性，決定選購優先順序（圖 6-11）。

品名	預算金額	急迫性	實用性	選購優先順序
發熱衣	OK	V	+	2
牛仔褲	OK	V	++	1
毛衣	OK	X	+	3
耳環	超出	X	−	5
斗篷	超出	X	−	6
圍巾	OK	X	+	4

圖 6-11　服飾選購明細表

（三）蒐集商品資訊

1. 掌握優惠時機：百貨公司週年慶、換季或是過季商品皆有優惠的價格，但須精挑細選，注意商品是否有瑕疵、次級品或是已過時。
2. 確認廣告內容：一分錢一分貨，太過優惠的廣告宣傳，往往暗藏陷阱須謹慎選購，才能避免買到不適用的服飾或其他商品。
3. 做好比價功課：購物切忌一時衝動，貨比三家不吃虧，一樣的服飾因購買地點不同，會有不同的價錢，多比較就不易受騙。

（四）選擇採購方式

1. 實體商店：直接至百貨公司、服飾專賣店或商場選購服飾。優點是可親眼看到、摸到商品，而且通常可試穿，較不會買到不適合的商品。
2. 網路商店：屬於虛擬商店，消費者藉由瀏覽商品型錄，採線上交易，不受時間地點的限制，非常方便。然而，網路商店的商品無法親眼見到，且不能試穿，較容易買到不合身的服飾。尤其是在 FB 網頁或是其他不安全的網站購買商品須多加注意，往往廣告與實體落差太大，所以要先確保賣家的可信度，同時也可避免被詐騙的風險。
3. 購物頻道：商品以電視或是其他方式直播，消費者可撥打電話訂購，但須避免被購物臺主持人的行銷話術及魅力所誘惑，買了不需要的服飾，但也因爲購物頻道有鑑賞期，所以如不滿意的商品可退回，宅配也會到府收貨，也算是有保障的一種購物方式。

（五）慎選付款方式

塑膠貨幣時代來臨，大家多愛採刷卡消費，刷卡雖方便，但須注意自己是否有能力償還下一期的帳單，通常銀行利息都相當高，如無法自我控制，建議還是選擇有多少付多少的現金較爲安全，才不會有利息產生的問題。

（六）檢討採購行為

檢討採購過程與結果，是否確實依照服飾選購明細消費，回家後再仔細審視商品品質，或是待穿著一段時間之後，重新評估商品的價位、舒適性、美觀性或實用性等資訊，作爲下次選購服飾的參考。

四、選購服飾的要點

（一）品質

1. 服飾標示：依據《服飾標示基準》規定，服飾廠商或進口服飾品，須有完整的五種標示事項，以確保消費者權益，我們應利用商品標示（圖6-12），取得服飾的資訊。

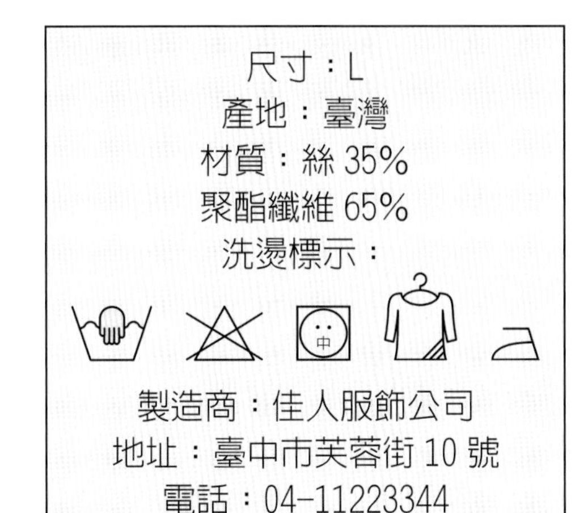

圖 6-12　服飾標示

表　服飾標示基準與應用

標示項目	資訊應用
尺寸或尺碼	提供的尺寸愈多，愈容易選到合身的服飾。
生產國別	一般而言，歐、日進口服飾品質高於韓、港、大陸或東南亞。
纖維成分	不同的材質具有不同的特性與價格。
洗燙處理方法	考量自己的時間與經濟能力，例如：須要乾洗的服飾，日後會有高額的乾洗支出費用；水洗後易起皺的服飾須花時間整燙。
國內產製 國外進口	標示製造（進口）廠商名稱、電話及地址，品質出現問題時，才有諮詢或求償的管道。

2. 版型：合身又立體的版型，穿起來既舒適又美麗，而「試穿」才能感受版型的優劣，例如：長褲穿起來很合身也漂亮，卻不容易抬腿或蹲下，就是版型不佳。

3. 作工：仔細檢查服飾，如：確認縫線是否牢固或脫線？線頭是否剪乾淨？是否有髒汙、染色不均勻、歪斜變形或是褲腿不等長等問題。

（二）價格

參考蒐集的價格資訊，決定選購的地點與付款方式，絕不購買超出預算金額的服飾。

第三節　織物的種類及辨識

纖維撚製[註]成紗線，紗線紡織成布料（織物），美麗的服飾再由布料設計裁製而成，想要了解服飾的織物，須由最基本的纖維原料著手。

一、纖維的種類

纖維分爲天然纖維與人造纖維二大類：

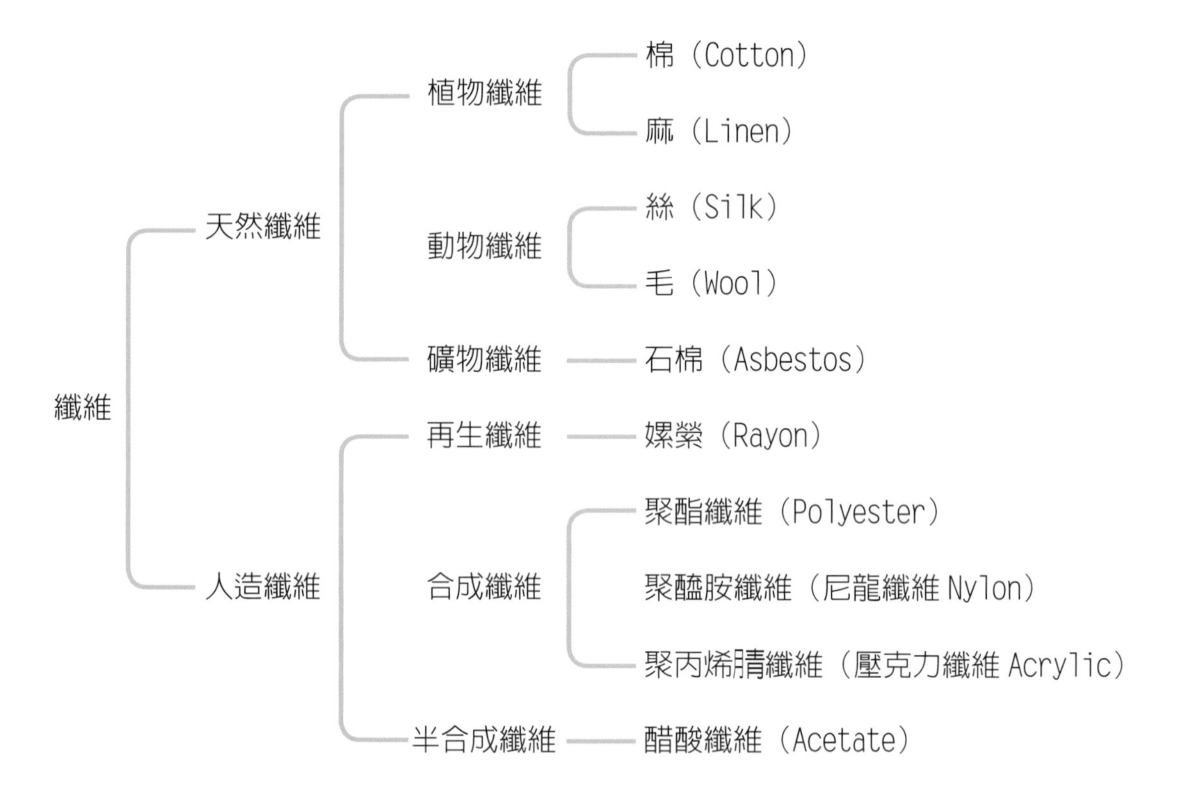

二、織物的特性及應用

服飾織物除了分別使用天然纖維與合成纖維之外，亦能將兩者混合應用，而紡織科技更研發出許多的機能性纖維，提升人類服飾生活的品質。

註：撚製（twist）：將纖維拉伸、扭轉、抱合（拉緊靠攏），逐步變成紗線。「撚製」是為了提高紗線的強韌性。

（一）天然纖維

天然纖維分為植物、動物與礦物纖維三大類。其中，礦物纖維以石棉為主，具有不易燃燒的優點，常應用於製作消防衣。日常服飾的原料以植物與動物纖維為主。以下表格分述植物與動物纖維的特性：

表　植物纖維的特性

<table>
<tr><th>類別</th><th>棉</th><th>麻</th></tr>
<tr><td>優點</td><td>1. 觸感柔軟
2. 易染色</td><td>1. 光澤較棉高
2. 較硬挺
3. 通氣性居纖維之冠，有「夏布」美名</td></tr>
<tr><td>缺點</td><td>無光澤</td><td>1. 光澤較絲低
2. 不易染色</td></tr>
<tr><td>主要來源</td><td>1. 棉花
2. 棉纖維長度愈長，品質愈佳</td><td>1. 亞麻
2. 麻紗愈細，價格愈高</td></tr>
<tr><td>主要成分</td><td colspan="2">纖維素</td></tr>
<tr><td>共同優點</td><td colspan="2">1. 吸濕性強，易吸汗
2. 通氣性佳，舒適性高
3. 不起靜電
4. 不長毛毬
5. 不怕蟲蛀
6. 耐高溫，可高溫熨燙
7. 耐鹼，可用鹼性洗劑
8. 水中強度增加，耐洗滌
9. 導熱性高（保溫性低），適合夏季服飾</td></tr>
<tr><td>共同缺點</td><td colspan="2">1. 親水性強，易發霉
2. 回彈性差，易起皺
3. 怕酸，酸汗液使衣服黃化，影響外觀
4. 保溫性低</td></tr>
</table>

表　動物纖維的特性

類別	毛	絲
優點	1. 觸感柔軟 2. 不怕酸 3. 易製成毛氈品 4. 吸濕性居纖維之冠 5. 保溫性高	1. 最長的天然纖維 2. 易染色 3. 柔和的光澤 4. 光滑的觸感 5. 透氣性與親膚性佳，舒適性高
缺點	易縮水，須乾洗	1. 怕鹼也怕酸，酸汗液使衣服黃化 2. 耐熱性差，日晒使絲變黃脆化 3. 水中強度下降，不耐洗滌
主要來源	綿羊毛、山羊毛、兔毛	蠶絲
主要成分	蛋白質	
共同優點	1. 吸濕性強，易吸汗 2. 觸感柔軟 3. 不起靜電 4. 不長毛毬 5. 回彈性佳，不易起皺 6. 薄織品涼爽，厚織品保暖，四季皆宜	
共同缺點	1. 親水性強，易發霉 2. 怕蟲蛀 3. 怕鹼，不可用鹼性洗劑	

家政焦點　羽絨衣填充物

1. 羽絨：一朵朵立體團狀，似蒲公英，受壓後迅速膨脹回復原狀。
2. 羽毛：平面結構，有硬梗，受壓後緩慢回復原狀。
3. 羽絲（去除羽毛梗）：平面結構，受壓後緩慢回復原狀

（二）人造纖維

人造纖維分為合成、半合成與再生纖維三大類，以下表格分述人造纖維之特性：

類別	合成			半合成	再生
	聚酯	聚醯胺	聚丙烯		
常見的纖維	特多龍	尼龍	壓克力	醋酸	嫘縈
主要原料及特性	石油			木材、短棉絮或短毛加工，改變原天然纖維素的特性	木材、短棉絮或短毛加工，保留大部分天然纖維素的特性
優點	1. 耐日晒 2. 合成纖維中用途最廣泛	1. 伸縮性佳 2. 合成纖維中最耐磨	1. 耐日晒 2. 2 質輕蓬鬆，最佳的仿毛纖維	1. 具美麗光澤 2. 高級手感，最佳的仿絲纖維	1. 可製成具有棉、麻、絲、羊毛之外觀，又稱人造棉或人造絲 2. 第一種研發的人造纖維素纖維
共同優點	1. 易洗、快乾、不易皺、不易縮水 2. 耐摩擦，不易破 3. 不長霉 4. 不怕蟲蛀 5. 具熱可塑性，易定型 6. 強力大，纖維不易斷裂，耐用			1. 垂性佳 2. 不起靜電 3. 不長毛毬 4. 吸濕性佳，易吸汗	
缺點	無	不耐日晒	潮濕易變形	不耐熱，高溫會收縮變形	1. 容易起縐 2. 水洗易縮水 3. 怕蟲蛀 4. 怕黴菌

類別	合成			半合成	再生
	聚酯	聚醯胺	聚丙烯		
共同缺點	1. 通氣性差，悶熱 2. 吸濕性差，不吸汗 3. 易起靜電，使衣服貼著身體 4. 易長毛毬，使衣服外觀變舊 5. 不耐熱，高溫會燙焦 6. 熱敏感度高，熨燙易使布料表面磨光，亮亮的，不好看 7. 易吸附油脂，不易清洗			水中強度下降，洗滌容易破	

家政焦點　會長大的小毛毬

毛毬形成的原因是布料表面突出的小纖維，經過摩擦，相互糾纏，形成小絨球，合成纖維因頗具韌性，纖維不易斷裂，使小絨球不斷增大，形成影響外觀的毛毬。

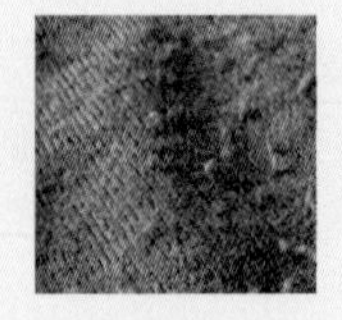

（三）混紡纖維

將兩種或兩種以上的纖維在紡紗階段依設計比例混合紡成紗線，再織成布料，就成混紡織物，混紡織物擁有各種混紡纖維的優點，並能改善缺點與降低成本。常見混紡織物如下表：

類別	纖維種類	常見成分比例	特性
T/C	聚酯、棉	聚酯 65%、棉 35%	吸汗、耐洗、免燙
CVC		聚酯 20%、棉 80%	
T/W	聚酯、毛	聚酯 60%、毛 40%	吸汗、耐洗、保暖

（四）機能性纖維

機能性纖維是繼混紡纖維之後，紡織工業的最大進步，機能性紡織品是指紡織品本身或經由加工過程，使成品具有特殊的機能用途。主要以人造纖維爲基礎發展各項機能。常見的機能性包含：防水透濕、吸濕排汗、抗菌除臭、抗紫外線、遠紅外線蓄溫、抗靜電、防電磁波、防火耐燃等，常用於襯衫、禦寒服裝、內衣褲、襪類、被褥、窗簾、醫療服裝等。中華民國紡織業拓展會於 2001 年推出「TFT 臺灣機能性紡織品」（Taiwan Functional Textiles）標章（圖 6-13），提供消費者選購參考。

圖 6-13 TFT 標章

家政焦點 吸濕排汗衫

市面上吸濕排汗衫品質良莠不齊，價差也很大，有動輒上千元，也有兩三百元，我們無法由衣料的外觀，判斷吸濕排汗衫之優劣，高價位並不保證高品質。購買時可參考異形斷面纖維製造商品標示的英文名稱「Coolmax」與「Coolplus」，或是具「TFT 臺灣機能性紡織品」認證標章的產品。

表 吸濕排汗衫類別比較

類別	製作原理	優點	缺點	材質
異形斷面處理	在纖維表面製造細小溝渠，透過毛細作用迅速吸水擴散	無論下水洗多少次，皆不會降低吸濕排汗功能	成本高 售價高	聚酯纖維或尼龍。尼龍較聚
親水劑處理	浸泡親水劑，增強吸水性	成本低 售價便宜	不耐水洗，大約水洗 5 ～ 10 次吸濕排汗功能會逐漸下降	酯纖維柔軟且吸水性佳，但價位較高

四、織物的辨識

織物辨識的方法有很多種，消費者常用的方法有下列四種。

（一）觀察及觸覺法

1. 棉：手感柔軟、缺乏彈性、易皺。
2. 麻：手感涼爽、平滑而硬挺、易皺。
3. 絲：手感溫暖、平滑富彈性、不易皺。
4. 毛：手感溫暖、柔軟富彈性、不易皺。
5. 嫘縈：手感涼而平滑、缺乏彈性、易皺。
6. 醋酸：手感溫暖舒適、缺乏彈性。
7. 合成：質輕具彈性。

（二）燃燒法

類別	燃燒性	氣味	灰燼
棉	易燃燒、燃燒迅速	紙燃燒味	灰白色、輕而脆灰
麻			
嫘縈			
絲	燃燒緩慢	毛髮燃燒味	黑色、膨鬆脆灰
毛	燃燒緩慢、離開火焰停止燃燒		
醋酸	燃燒時布料收縮	醋酸味	黑色、不規則硬塊
尼龍	熔融緩慢燃燒	芹菜味	淡褐色、玻璃狀硬塊
聚酯	熔融緩慢燃燒、冒黑煙	芳香味	黑色、圓型硬顆粒
壓克力		燒肉味	黑色、不規則硬塊

（三）化學溶劑法

家中常備有漂白棉織品的氯系漂白水，氯系漂白水能溶解動物纖維，例如：將羊毛織品拆出紗線，置於氯系漂白水中，會發現純羊毛纖維全部溶解，混紡纖維則會剩下非羊毛的其他纖維。

（四）成分標示法

除了服飾標示外，尚可參考其他的商標標示，辨識其材質。

純羊毛標誌，由100%新羊毛構成。

高比例羊毛混紡標誌，含有至少50%以上的新羊毛。

羊毛混紡標誌，含有30%～49%的新羊毛。

純蠶絲標誌，由100%蠶絲構成。

高比例蠶絲混紡標誌，含有至少55%以上蠶絲。

既防水又透汗氣的人造纖維機能布料。

第四節　服飾搭配的基本概念

服飾搭配包含服裝與飾品的搭配，是日常生活經常應用的技能，熟悉搭配原則與技巧，即使衣櫥中的服飾不多，也能擁有美麗的打扮，或是表達個性品味與滿足愛美的天性。服飾搭配時，可先應用簡單的 4W1H 原則，確定各項需求後，再運用服飾搭配三要素與五大基本法則。

一、4W1H 原則

When	Where	Who	Why	How
何時	何地	何人	為何	如何
時間、季節	地點、場合	穿著者的年齡、個性、身分等	穿著的目的	預算金額、流行性、品味特色等

二、服飾搭配三要素

服飾搭配時須考量服飾的線條、色彩與材質三個要素。

（一）線條

1. 線條類別：包含直線與曲線二類。直線可分爲水平、垂直、斜線三種，具簡單、有力或單純的特點；曲線則表現柔和、高雅或自在的特點。
2. 線條錯覺：包含分割與密列線條二類。
3. 線條與臉型：與臉型最相關的服飾線條是領型，每種臉型都有合適與不合適的領型。

表　線條類別、圖例與特性

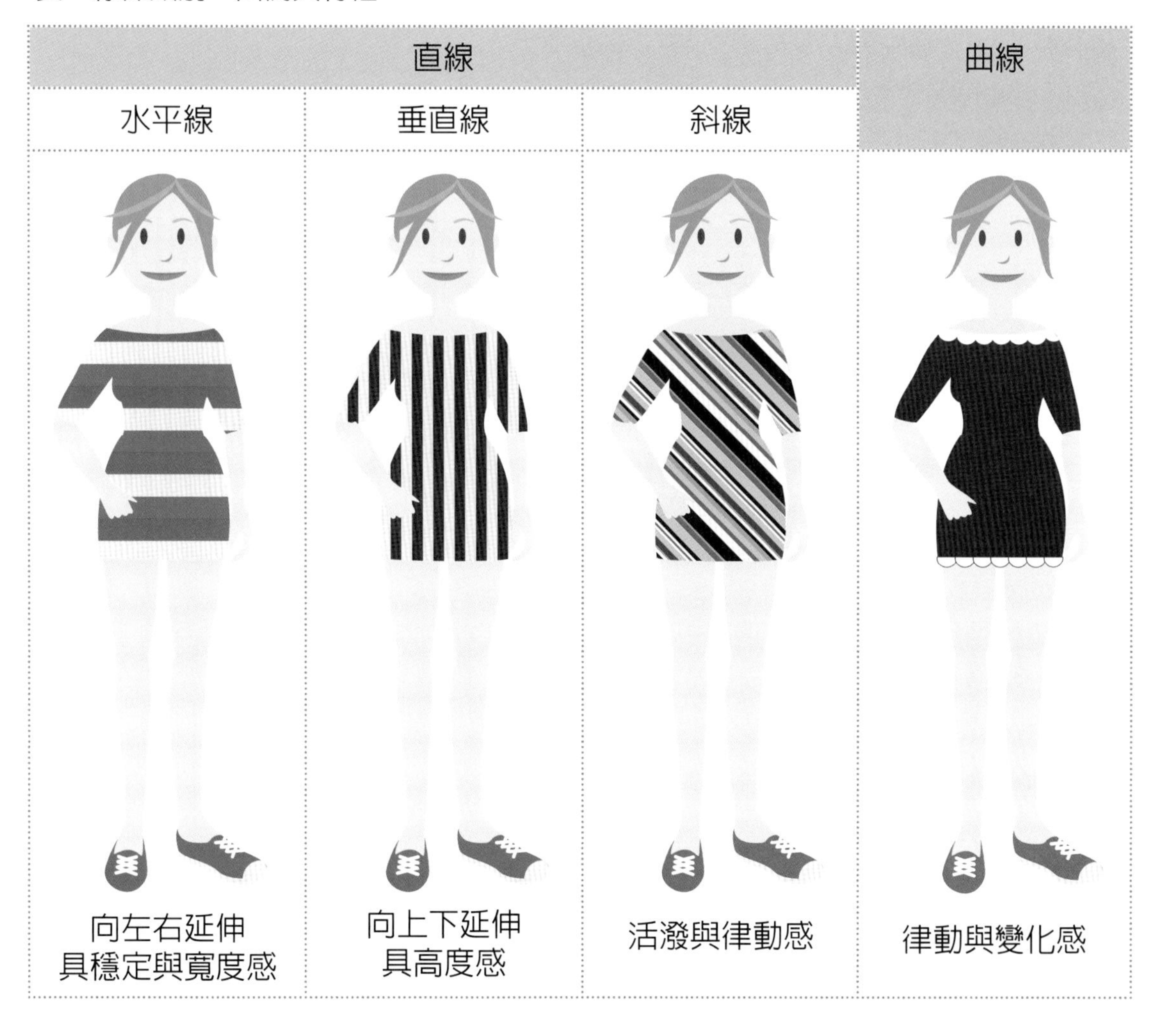

直線			曲線
水平線	垂直線	斜線	
向左右延伸 具穩定與寬度感	向上下延伸 具高度感	活潑與律動感	律動與變化感

表　分割線條錯覺圖例與特性

水平線	垂直線	斜線
將高度切割有矮化錯覺	將寬度切割有顯瘦錯覺	大格子的衣服會顯胖

表　密列線條錯覺圖例與特性

水平線	垂直線
A　B	C　D
因條紋排列緊密，使水平線喪失原有特性，眼睛會隨著條紋往上下延伸，B 較 A 顯得高瘦	因條紋排列緊密，使垂直線喪失原有特性，眼睛會隨著條紋往左右延伸，C 較 D 顯得高瘦

表　臉型與領型

類別	合宜的領型		不合宜的領型	
圓型臉		深 V 型領 U 型領		圓型領 方型領 船型領
方型臉		U 型領		方型領 船型領

類別	合宜的領型		不合宜的領型	
倒三角型臉		淺型圓領 船型領		V 型領 U 型領

深 V 型領	V 型領	U 型領	淺圓型領	圓型領	方型領	船型領

（二）色彩

服飾搭配的主角是穿著者，不是漂亮的服飾，成功的服飾搭配，除了服飾之間彼此顏色的諧調之外，最重要是適合穿著者的體型及膚色，才能展現優點，隱藏缺點。

1. 服飾色彩搭配的類別與特性：

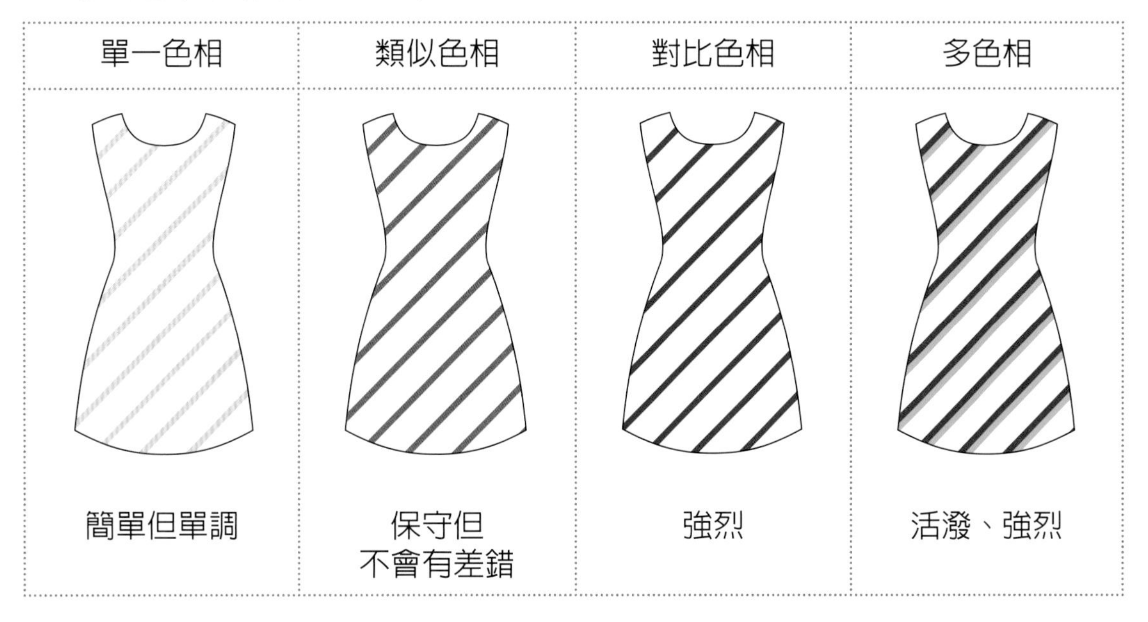

單一色相	類似色相	對比色相	多色相
簡單但單調	保守但 不會有差錯	強烈	活潑、強烈

2. 服飾色彩與穿著者體型的關係：

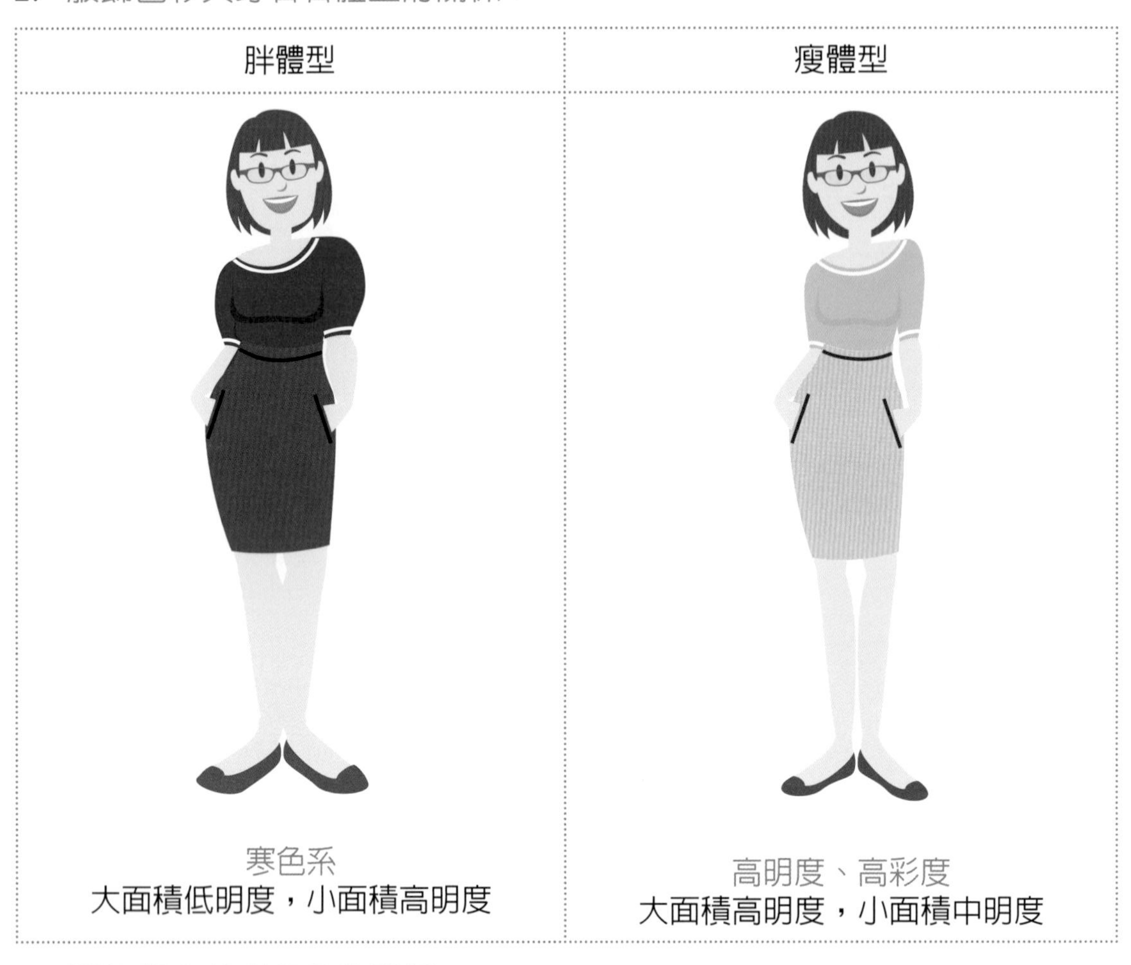

胖體型	瘦體型
寒色系 大面積低明度，小面積高明度	高明度、高彩度 大面積高明度，小面積中明度

3. 服飾與穿著者膚色的關係：

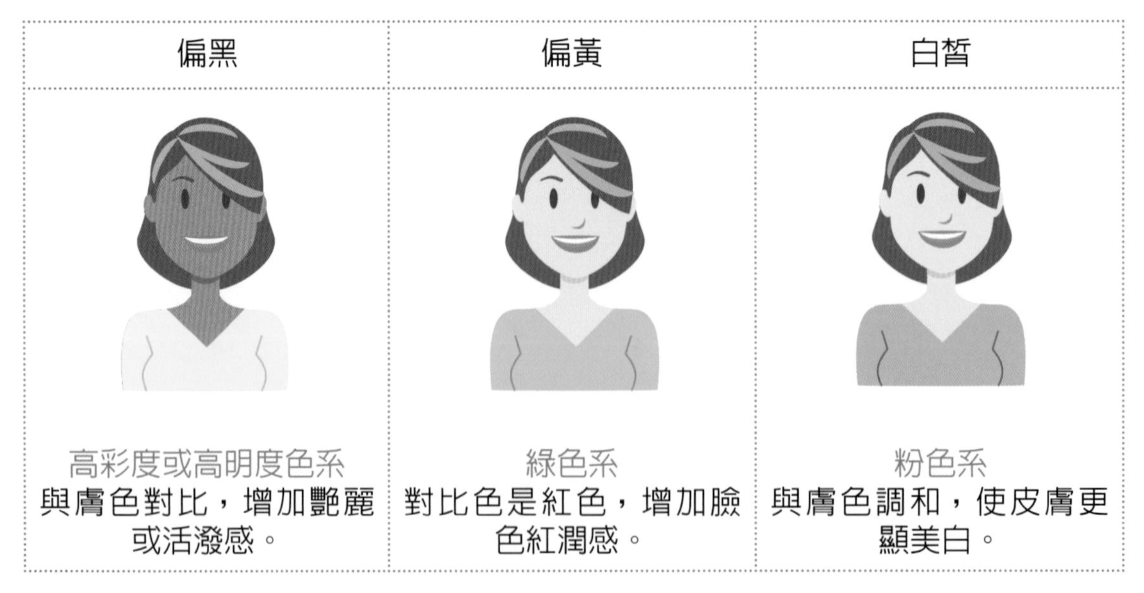

偏黑	偏黃	白皙
高彩度或高明度色系 與膚色對比，增加艷麗或活潑感。	綠色系 對比色是紅色，增加臉色紅潤感。	粉色系 與膚色調和，使皮膚更顯美白。

（三）材質

服飾搭配的材質，主要是指布料的外觀，一般而言，質薄稍硬挺的布料適合各種體型穿著，胖體型若想避免更胖的錯覺，就須避免穿著光澤、長毛、透明（雪紡紗、蕾絲布等）與具有伸縮性的布料，都容易顯胖。

三、服飾搭配五大法則

爲自己搭配服飾時，若能了解服飾搭配的五大法則，就能依據自己的需求，搭配出最佳的服飾。

（一）平衡

達成視覺的穩定感，分對稱與不對稱兩種平衡。

表　平衡類別、圖例與特性

對稱平衡	不對稱平衡
服飾左右對撐 顯現端莊穩重的感覺	服飾左右不對稱 仍具有視覺平衡感，但更具有活潑感

（二）比例

身上不同衣服的長度，呈現黃金比例，有最佳的視覺效果。黃金比例是 1：1.618，簡化爲整數約爲 3：5 或 5：8。

表　比例圖例與修正

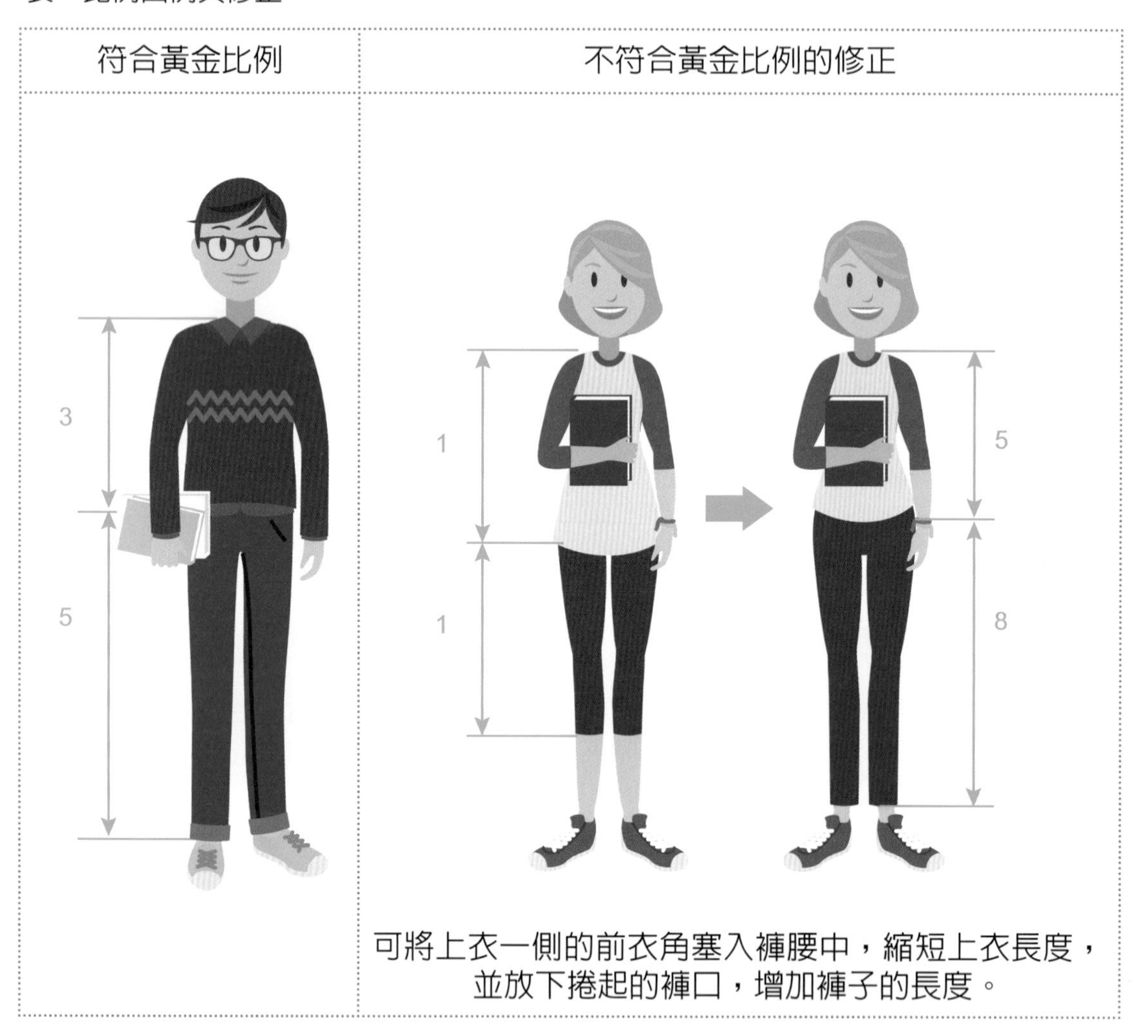

符合黃金比例	不符合黃金比例的修正
	可將上衣一側的前衣角塞入褲腰中，縮短上衣長度，並放下捲起的褲口，增加褲子的長度。

（三）強調

整體服飾中求一點變化，並成爲目光的焦點，可避免單調而無生氣，例如：在深色頭髮上以淺色花型的髮飾作爲強調、配戴突顯個人風格的多角形墨鏡等。

（四）律動

藉由連續的反覆，使服飾產生動感（圖 6-14）。

圖 6-14　連續皺摺的裙襬使洋裝產生律動感

（五）統一與調和

服飾與服飾之間，服飾與穿著者（年齡、體型、個性）之間具有整體感。

例如：穿上小禮服，可搭配高跟鞋，穿上休閒服，就宜搭配休閒鞋；體型肥胖就不宜搭配細高跟鞋；中老年婦女不宜穿著迷你裙。

四、創造個人的服飾風格

自己主導服飾風格，避免喜新厭舊。想要創造個人的服飾風格，除了運用服飾搭配專業技能，更須注意下列幾點：

（一）理性分析自己的特質

了解自己的個性、臉型、膚色與體型，才能凸顯優點，掩飾缺點。下面將以女性的身高和體重說明體型的類別，並敘述矮體型與胖體型的服飾搭配原則與方法：

矮體型	合宜的搭配	原則：增加高度 1. 服裝：以洋裝或短上衣爲宜，洋裝若有橫剪接線應提高腰線位置。 2. 裝飾品位置：身體上方。 3. 裝飾品：圍巾、胸花、項鍊、耳環、髮飾、帽子，以同色系或類似色爲宜。 4. 鞋子：後高前低，使小腿顯長。

矮體型	不宜的搭配	1. 服裝：寬大的衣身、大袖子、低腰褲、明顯水平線、裙襬荷葉邊設計、大的圖案。 2. 裝飾品：寬腰帶、寬鞋、腳鍊（視覺下移，形成矮的錯覺）。 3. 色彩：對比色。
胖體型	合宜的搭配	原則：減少寬度 1. 服裝：採垂直分割、合身但不緊身。 2. 色彩：大面積深色、小面積淺色。 3. 裝飾品：中等大小飾品；圍巾、胸花、項鍊、耳環、帽子、髮飾（對比色）。 4. 材質：質薄稍硬挺。
	不宜的搭配	1. 服裝：橫剪接線、寬肩、複雜的線條設計、緊身、貼身。 2. 色彩：大面積淺色、有光澤。 3. 裝飾品：太小。 4. 材質：厚重、蓬鬆。

（二）運用合適的流行元素

避免全盤接受流行元素，只選擇適合的流行元素應用在自己身上，不盲從流行。例如：流行 15 公分高的高跟鞋，雖然鞋子的腳掌處亦加高，但只適合站立，行走的機能性很差，容易摔跤，使腳部受傷（圖 6-15）。又如流行的垮褲，褲襠很低，使腿部顯得很短，不適合矮體型。

圖 6-15　15 公分高的鞋跟僅適合站立，行走的機能很差

（三）觀察他人的穿著打扮

多觀察別人服飾的搭配方法，看看服飾雜誌，多欣賞百貨公司櫥窗或專櫃的服飾搭配，比較不同風格的服飾，穿在自己身上的差異。

第五節　服飾的清潔與保養

心愛的毛衣水洗之後大縮水，美麗的粉白牛仔褲不小心沾上腳踏車的機油，從衣櫥拿出羊毛圍巾時，卻發現被蛀蟲咬破了好多小洞洞，讓人既心疼又懊惱，如何避免這些情形的發生，或是該如何補救呢？了解服飾的清潔與保養知識，善用其方法，就能解決這些問題，更能延長服飾的壽命。

一、服飾的清潔

（一）認識洗滌標示圖

依據民國 107 年經濟部公布修正的《服飾標示基準》，我國使用的洗滌標示圖案與說明如下：

1. 水洗

洗標圖案	（洗盆圖案）
說明	1. 水洗 (手洗或機械洗) 2. 圖案中加數字代表洗滌時最高水溫 3. 圖案下方無橫槓，表示標準洗程序 4. 圖案下方加一槓 (－)，表示溫和處理，如減少攪動 5. 圖案下方加二槓 (＝)，表示極輕柔處理，如儘量減少攪動 6. 圖案中加手 ( ) 的圖形表示應用手洗，且最高溫度不應超過攝氏四十度 7. 標示手洗之圖案不應再於圖案下方標示橫槓 8. 圖案中加 (╳)，表示不可以水洗

舉例				
	95	50		
	最高水洗溫度攝氏九十五度，標準洗程序	最高水洗溫度攝氏五十度，溫和洗程序	以手洗滌，水溫最高不應超過攝氏四十度	不可水洗

2. 漂白

洗標圖案			
說明	1. 可漂白 2. 圖案中加 (╳)，表示不可漂白 3. 圖案中加入斜線，表示只可使用含氧 / 無氯漂白劑漂白		
舉例	可使用任何漂白劑	不可漂白	只可使用含氧 / 無氯漂白劑

3. 乾燥

(1) 翻滾烘乾

洗標圖案	
說明	1. 可機器翻滾烘乾 2. 圖案中加 (・・)，表示使用一般溫度烘乾 3. 圖案中加 (・)，表示使用較低溫度烘乾 4. 圖案中加 (╳)，表示不可使用機器翻滾烘乾

舉例			
	可翻滾烘乾，使用一般溫度，最高排風溫度攝氏八十度	可翻滾烘乾，使用較低溫度，最高排風溫度攝氏六十度	不可翻滾烘乾

(2) 自然乾燥

洗標圖案				
說明	1. 可自然乾燥 2. 方形內有一條直線，表示懸掛晾乾 3. 方形內有二條直線，表示懸掛滴乾 4. 方形內有一條橫線，表示平攤晾乾 5. 方形內有二條橫線，表示平攤滴乾 6. 方形內左上方有一條斜線，表示在陰涼處進行			
舉例	懸掛晾乾	平攤晾乾	在陰涼處懸掛滴乾	在陰涼處平攤滴乾

4. 熨燙及壓燙

洗標圖案	
說明	1. 熨燙及壓燙 2. 圖案中加小圓點，表示使用的最高溫度 3. 圖案中加 (╳)，表示不可熨燙及壓燙

舉例				
	熨斗底板最高溫度攝氏二百度之熨燙及壓燙	熨斗底板最高溫度攝氏一百五十度之熨燙及壓燙	熨斗底板最高溫度攝氏一百一十度之熨燙及壓燙，且不應使用蒸氣(蒸氣燙可能導致不可回復的損傷)	不可熨燙及壓燙

5. 紡織品專業維護

洗標圖案	
說明	1. 紡織品專業維護(專業乾洗及專業濕洗) 2. 圖案中加(P)字樣，表示可專業乾洗，且使用四氯乙烯及編列於(F)字樣之乾洗溶劑清洗 3. 圖案中加(F)字樣，表示可專業乾洗，並使用碳氫化物之乾洗溶劑清洗 4. 圖案中加(W)字樣，表示可專業濕洗 5. 圖案下方無橫槓，表示標準處理程序 6. 圖案下方加一槓(－)，表示溫和處理 7. 圖案下方加二槓(＝)，表示極輕柔處理 8. 圖案中加(╳)，表示不可以專業乾洗或專業濕洗

舉例				
	不可以專業乾洗	專業濕洗並採標準濕洗程序	專業濕洗並採溫和濕洗程序	專業濕洗並採極輕柔濕洗程序

<table>
<tr><td rowspan="4">舉例</td><td> </td><td> </td><td> </td><td> </td></tr>
<tr><td>不可以專業濕洗</td><td>用四氯乙烯及所有編列於(F)字樣所使用溶劑的專業乾洗，並採標準乾洗程序</td><td>用四氯乙烯及所有編列於(F)字樣所使用溶劑的專業乾洗，並採溫和乾洗程序</td><td>不可以專業乾洗</td></tr>
<tr><td colspan="2"> </td><td colspan="2"> </td></tr>
<tr><td colspan="2">用碳氫化物(蒸餾溫度在攝氏一百五十度至二百一十度之間，閃點在攝氏三十八度至七十度之間)乾洗溶劑的專業乾洗，並採溫和乾洗程序。</td><td colspan="2">用碳氫化物(蒸餾溫度在攝氏一百五十度至二百一十度之間，閃點在攝氏三十八度至七十度之間)乾洗溶劑的專業乾洗，並採標準乾洗程序</td></tr>
</table>

（二）認識洗劑

市面上服飾洗劑產品的種類非常多，以下介紹家庭常用的洗劑：

<table>
<tr><th colspan="2">類別</th><th>原料</th><th>特點</th></tr>
<tr><td>天然洗劑</td><td>肥皂（絲）</td><td>動植物油脂</td><td>鹼性洗劑，適用於棉、麻與人造纖維，不適合毛與絲織品。</td></tr>
<tr><td rowspan="4">合成洗劑</td><td>洗衣粉</td><td rowspan="4">石油</td><td rowspan="4">1. 中性洗劑，適合一般織物。
2. 衣領精去除襯衫領口與袖口的汙漬。
3. 冷洗精適合手洗絲、毛等高級衣物。</td></tr>
<tr><td>洗衣精</td></tr>
<tr><td>衣領精</td></tr>
<tr><td>冷洗精</td></tr>
</table>

家政焦點　**禦寒外套的清洗**

冬季或登山穿著的禦寒外套若有防水及透氣性的功能，須以一般洗衣粉或洗衣精經常清洗，以維護衣物的透氣性及表布潑水功能。不可使用柔軟精，因為柔軟精會破壞表面潑水效果，而衣物破洞也會破壞防水性。柔軟精除了會破壞潑水效果之外，還會破壞衣物吸濕排汗的功能，若不小心使用，可以多水洗幾次，除掉柔軟精的附著，就能恢復功能。

（三）清潔的方式

服飾穿著之後常有汗漬或灰塵，有時會沾染食物或化妝品等，須清潔處理，服飾清潔的方式包含洗滌、漂白與去漬，不論用何種方式，皆須儘速處理，避免汙物滲入纖維內部而不易去除。若是沾染食物或化妝品等汙物時，可先以面紙或衛生紙快速吸附汙物，避免汙物擴散面積加大，回家之後，再以下列清潔方式處理：

類別		洗劑	特點
洗滌	乾洗	石油等 易揮發溶劑	1. 避免服飾縮水、變形與褪色。 2. 適用於大衣、西裝外套、羊毛與絲織品。 3. 人造皮革、橡膠不可乾洗。 4. 價格昂貴且不環保。
	溼洗	肥皂（絲） 洗衣粉 洗衣精 衣領精 冷洗精	1. 最常用、方便與經濟的方式，又稱浸漬法。 2. 適用於棉、麻與人造纖維。 3. 適用於大片且多處的汙漬 。
漂白		氯系漂白劑	1. 僅適用於白色布料，不可用在彩色布料。 2. 適用於棉、麻，不適用於毛、絲與人造纖維。 3. 價格低。

類別	洗劑	特點
漂白	氧系漂白劑	1. 可使用在白色與有彩色布料。 2. 各種可水洗織物。 3. 價格較氯系高。
去漬	去漬油 汽油	去除機油、柏油、口紅、隔離霜等油性汙漬。
	衣領精	果汁、咖啡、醬油、血漬。
	去光水	去除指甲油。
	洗碗精	去除食物性油脂。
	草酸溶液	去除鐵鏽。

（四）洗滌與晾晒注意事項

程序	注意事項
清洗前	拉鍊拉上、釦子扣好、魔鬼氈黏緊。
	冬季雙層夾克應將外套及內裡分開後清洗。
	衣物沾到汙漬時，了解衣料種類之後，宜儘快處理。
清洗前	嫘縈成分的服飾不可用丙酮去除沾有指甲油的汙漬。
	用尼龍刷清潔局部髒汙處，如領子、前襟及袖口等。
	先注入水，再放洗劑。
	溫水洗淨力高於冷水，合成纖維易吸附油脂可使用熱水。
	洗液最佳濃度是 0.2%，濃度超過 0.2% 並不會增加洗淨力，且形成浪費。
	洗衣物和洗液的重量比稱「浴比」，最佳浴比是 1：10。
	洗前浸泡可提升去汙力，浸泡時間約 20 分鐘，超過會形成再汙染。

程序	注意事項
清洗	無法辨識衣料種類時，不可用熱水清洗。
	印花織品應使用冷水，不可用熱水，可避免褪色。
	有色麻織品可於水中加點鹽，以保色澤。
	嫘縈織品不可大力搓洗，以防破損。
	洗滌時間依衣料厚薄而定，以 5 ～ 15 分鐘爲宜。
晾曬	絲織品不宜日晒，以免布料脆化受損。
	印花織品、棉織品晾晒時反面朝外，可避免褪色。

（一）熨燙

適當的溫度使熨燙事半功倍，熨燙溫度依序是麻＞棉＞毛＞絲＞人造纖維。熨斗皆有明確的標示，可參考使用；不確定材質時，可先在服飾反面的縫份試燙。熨燙時須注意的事項如下：

1. 服飾應先燙反面，再燙正面。
2. 熨燙會發亮受損的織品，在正面蓋上棉製燙衣布。
3. 順著織物的布紋方向熨燙。
4. 穿過的衣物應避免熨燙，以免髒汙不易去除。

（二）收藏

換季時我們會將過季的服飾整理收藏，收藏時須注意的事項如下：

1. 不流行的服飾可以改造，不再穿用的服飾應贈送、出售或回收。
2. 洗滌乾淨，修補破損。
3. 服飾須完全乾燥，利用晴天的 9:00 ～ 15:00 日晒。
4. 依服飾類別或質料分類收藏，扣好鈕釦或拉上拉鍊，以眞空壓縮袋收藏，減少儲放空間。

7. 從洗衣店取回乾洗的衣物，在收藏前應先去除塑膠套。

8. 櫃或抽屜底部可鋪放報紙，藉由油墨防止蟲蛀，上層再鋪白報紙，避免汙染服飾；衣櫃或抽屜角落可放置以紙包好的樟腦丸避免毛衣被蟲蛀。

10. 毛衣易伸長變形，應平放，不可吊掛。

11. 厚外套宜用粗衣架吊掛，以免留下掛痕。

12. 絲絨等易皺怕壓服飾，可置於最上層。

13. 收藏衣物容器外宜明列存物清單，便於取用。

14. 收藏空間宜保持乾燥，可放置石灰等乾燥劑或除濕劑，避免服飾發霉。

第六節　服飾相關行業介紹

服飾相關行業分爲受聘行業與自行創業兩大類，以下依行業的職稱及其工作性質做簡單的介紹。

一、受聘行業職稱與工作性質

類別	行業職稱	工作性質
成衣工廠	服飾設計師	參考消費者的喜好與市場的流行，設計具有行銷力的服飾品。
	樣品師	將設計師設計的款式製作成實品，作爲買家下訂單之參考。
	裁剪師	以電動裁刀，大量裁剪布料。
	縫製人員	將布片縫製成服裝。
	用料採購人員	採購縫製服飾須用的布料和配件。
	品管人員	檢查完成的服裝是否有瑕疵以確保產品品質。

類別	行業職稱	工作性質
紡織工廠	織品設計師	設計布料的編織、圖案與色彩等。
百貨公司 專賣店	服飾行銷人員	銷售服裝或搭配服裝之飾品。
	櫥窗布置人員	負責展售空間與櫥窗的設計與製作。
整體造型 公司	造型設計師	完成消費者的髮型、彩妝與服飾的整體搭配。
禮服公司	新娘秘書	1. 隨時伴隨新人，負責新娘與新郎外景或婚宴之髮型、彩妝與服飾。 2. 婚禮的規劃與服務，如：婚宴會場布置、蜜月旅行之規劃等。
	服務專員	推薦準新娘與準新郎適合之禮服以及服務之收費等。
模特兒 經紀公司	秀場執行人員	協助秀場企劃者企劃之執行、模特兒試衣或彩排等業務。
服飾補習班 學校	服飾教師	服飾設計與製作的教學工作。
貿易商 代理商	專員	服飾的外銷或進口代理銷售。

二、自行創業類別與工作性質

1. 服飾工作室：針對客戶個人之需要提供客製化服飾設計及縫製之服務。
2. 服裝修改工作室：提供客戶修改局部服飾的服務，如：更換拉鍊。
3. 服飾零售店：自己當老闆，負責批貨到銷售之工作。
4. 洗滌熨燙店：從事服飾之洗滌或熨燙工作。
5. 網路服飾商店：透過網路，從事服飾品之銷售。

6-1 服飾的功能

1. 服飾的功能包含：

   (1) 禦寒避暑——生理需求。

   (2) 保護身體——安全需求。

   (3) 代表職業與身分——歸屬與愛的需求。

   (4) 代表文化——歸屬與愛的需求。

   (5) 展現個性——自尊需求。

   (6) 提高效率——知的需求。

   (7) 美化人體——美的需求。

   (8) 滿足自我——自我實現需求。

6-2 服飾的選購

1. 成為聰明的消費者的五個步驟：

<table>
<tr><td>建立正確的服飾價值觀</td><td colspan="2">不迷戀名牌、不盲從流行、不追逐高價位。</td></tr>
<tr><td>改正不良的服飾消費習慣</td><td colspan="2">從眾性、情緒化、被行銷話術蒙蔽。</td></tr>
<tr><td rowspan="3">擬定服飾選購計畫</td><td>檢查衣櫃服飾</td><td>依服飾類別、性質與季節分類，確知數量與色系。</td></tr>
<tr><td>列出購物明細</td><td>依預算金額、急迫性與實用性，決定選購優先順序。</td></tr>
<tr><td>蒐集商品資訊</td><td>優惠價格時機、廣告警覺、貨比三家不吃虧。</td></tr>
</table>

擬定服飾選購計畫	選擇採購方式	實體商店、網路商店、電視銷售頻道。
	慎選付款方式	以現金或信用卡一次付款或分期付款。
	檢討採購行爲	檢討採購過程與結果，作爲下次選購的參考。
選購服飾的要點	品質、價格。	
環保的思維	舊衣改造、交換、商借、租用。	

6-3 織物的種類與辨識

1. 纖維的種類：

天然	植物纖維（棉、麻）、動物纖維（絲、毛）、礦物纖維（石棉）
人造	再生纖維（嫘縈）、合成纖維（聚酯）、半合成纖維（醋酸）

2. 天然纖維的特性：

類別	棉	麻	毛	絲
優點	觸感柔軟、易染色。	光澤較棉高、硬挺、有「夏布」美名。	觸感柔軟、不怕酸、吸濕性居纖維之冠、保溫性高。	最長的天然纖維、易染色、柔和的光澤、光滑的觸感、舒適性高。
缺點	無光澤。	光澤較絲低、不易染色。	易縮水，須乾洗。	怕鹼、怕酸，酸汗液使衣服黃化、怕日晒、不耐洗。
主要成分	纖維素。		蛋白質。	

共同優點	易吸汗、通氣性佳、不起靜電、不長毛毬、不怕蟲蛀、耐高溫、耐鹼、耐洗滌。	易吸汗、觸感柔軟、不起靜電、不長毛毬、不易起皺、薄織品涼爽，厚織品保暖。
共同缺點	易發霉、易起皺、酸汗液使衣服黃化、保溫性低。	易發霉、怕蟲蛀、怕鹼。

3. 人造纖維的特性：

類別	合成			半合成	再生
	聚酯	聚醯胺	聚丙烯		
常見的纖維	特多龍	尼龍	壓克力	醋酸	嫘縈
主要原料及成分	石油			木材、短棉絮	
優點	合成纖維中用途最廣泛。	合成纖維中最耐磨。	最佳的仿毛纖維。	最佳的仿絲纖維。	保留天然纖維素的特性，第一種研發的人造纖維素纖維。
共同優點	易洗、快乾、不易皺、不易縮水、耐摩、不長霉、不怕蟲蛀、易定型、耐用。			垂性佳、不起靜電、不長毛毬、易吸汗。	
共同缺點	悶熱、不吸汗、易起靜電、易長毛毬。			不耐洗。	

4. 服飾的五種標示：

   (1) 國內產製：製造廠商名稱、電話及地址。

   國外進口：進口廠商名稱、電話及地址。

   (2) 尺寸或尺碼。

   (3) 生產國別（產品主要製程地之國別）。

   (4) 纖維成分。

   (5) 洗燙處理方法。

5. 氯系漂白水能溶解動物纖維。

6-4 服飾搭配的基本概念

1. 4W1H 原則：何時（When）、何地（Where）、何人（Who）、為何（Why）如何（How）。

2. 服飾搭配三要素：線條、色彩與材質。

3. 線條類別：

線條類別	直線：簡單、有力與單純。
	曲線：柔和、高雅、自在。
線條分割類別	水平分割：將高度切割，有矮化錯覺。
	垂直分割：將寬度切割，有顯瘦錯覺。
	水平垂直交錯分割：大格子有顯胖錯覺。
密列線條類別	水平線：高瘦感。
	垂直線：矮胖感。

4. 線條與臉型：

類別	合宜的領型	不合宜的領型
圓型臉	深 V 型領、U 型領	圓型領、方型領、船型領
方型臉	U 型領	方型領、船型領
倒三角型臉	淺型圓領、船型領	V 型領、U 型領

5. 服飾色彩與穿著者關係：

體型	胖：大面積低明度小面積高明度。
	瘦：大面積高明度小面積中明度。
膚色	偏黑：採高彩度或高明度色系，與膚色對比，增加艷麗或活潑感。
	偏黃：採綠色系，對比色是紅色，增加臉色紅潤感。
	白皙：採粉色系，與膚色調和，使皮膚更顯美白。

6. 質薄稍硬挺的布料適合各種體型，胖體型須避免光澤、長毛、透明、伸縮性布料。

7. 服飾搭配五項原則：

平衡	對稱：端莊穩重。
	不對稱：具視覺平衡，較對稱平衡活潑。
比例	黃金比例是 1：1.618，整數約為 3：5 或 5：8。
強調	整體服飾中求一點變化，目光的焦點。
律動	連續的反覆，使服飾產生動感。
統一與調和	具有整體感。

6-5 服飾的清潔與保養

1. 洗劑類別與特點：

乾洗	石油等易揮發溶劑	1. 避免服飾縮水、變形與褪色。 2. 適用於大衣、西裝外套、羊毛與絲織品。 3. 人造皮革、橡膠不可乾洗。 4. 價格昂貴且不環保。
溼洗	1. 天然：肥皂（絲） 2. 合成：洗衣粉（精）、衣領精、冷洗精	1. 最常用、方便與經濟的方式。 2. 天然洗劑適用於棉、麻與人造纖維。 3. 合成洗劑，適合各種織物。

2. 洗滌、熨燙與保養注意事項：

洗滌	1. 溫水洗淨力高於冷水。 2. 洗前浸泡提升去汙力，浸泡時間約 20 分鐘，超過形成再汙染。 3. 氯系漂白劑僅使用於白色布料；氧系漂白劑使用在白色與有彩色布料。
熨燙	1. 先燙反面，再燙正面。 2. 穿過的衣物應避免熨燙。 3. 熨燙溫度：麻＞棉＞毛＞絲＞人造纖維。
收藏	1. 晴天：9：00 ～ 15：00 日晒。 2. 抽屜底部可鋪放報紙，藉由油墨防止蟲蛀。 3. 扣好鈕釦或拉上拉鍊。

6-6 服飾相關行業介紹

受聘行業	服飾設計師、樣品師、裁剪師、縫製人員、品管人員、用料採購人員、織品設計師、服飾行銷人員、櫥窗布置人員、造型設計師、新娘秘書、服務專員、秀場執行人員、服飾教師、專員。
自行創業	個人服飾工作室、服裝修改工作室、服飾零售店、洗滌熨燙店、網路服飾商店。

請沿虛線撕下

課後評量

範圍：第六章

班級：＿＿＿＿＿　座號：＿＿＿　姓名：＿＿＿＿＿

評分欄

一、選擇題（每題 3 分）

(　　) 1. 採購服飾時，應如何才能確定尺寸是否合適，並感受版型的優劣？　(A) 試穿　(B) 與父母討論　(C) 參考店員的意見　(D) 依據品牌知名度。

(　　) 2. 將設計師設計的款式製作成實品，作爲買家下訂單之參考稱之？　(A) 服飾設計師　(B) 樣品師　(C) 裁剪師　(D) 縫製人員。

(　　) 3. 是指何種新羊毛比例？　(A)50% 以上　(B)60% 以上　(C)70% 以上　(D)100%。

(　　) 4. 下列對各種織物洗濯方式的敘述，何者錯誤？　(A) 清洗有色麻織品時，可於水中加點鹽，以保色澤　(B) 清洗嫘縈織品時，不可大力搓洗，以防破損　(C) 清洗印花織品時，應使用冷水，以防褪色　(D) 清洗羊毛織品後，應平放於太陽下晾曬，以防蟲蛀。

(　　) 5. 何種纖維在合成纖維中用途最廣泛？　(A) 尼龍　(B) 聚酯　(C) 壓克力　(D) 醋酸。

(　　) 6. 下列有關衣物收藏的方式，何者正確？　(A) 毛線衣宜平疊收藏，以防變形　(B) 絲織品宜經常日晒，以保持顏色鮮豔　(C) 衣櫥中放置少許食鹽可防止棉、麻織物發霉　(D) 厚外套宜用細衣架吊掛，以免留下掛痕。

(　　) 7. 可去除血漬的洗劑爲？ (A) 汽油 (B) 衣領精 (C) 洗碗精 (D) 草酸溶液。

(　　) 8. 何種纖維織成的布料，具有「夏布」的美名？ (A) 絲 (B) 棉 (C) 麻 (D) 毛。

(　　) 9. 何種纖維織成的布料易起靜電？ (A) 絲 (B) 棉 (C) 嫘縈 (D) 尼龍。

(　　) 10. 有關織物的介紹，何者正確？ (A) 絲織品不吸汗 (B) 再生纖維非常耐洗 (C) 絲、毛纖維含蛋白質，易受蟲害 (D) 府綢是絲織品，最適合製作女裝。

(　　) 11. 圓型臉適合穿著哪種衣領？ (A)U 型領 (B) 圓形領 (C) 方型領 (D) 船型領。

(　　) 12. 有關織物纖維之特性，下列何者正確？ (A) 棉的通氣性居冠，導熱性最佳 (B) 絲的吸溼性最強 (C) 尼龍的用途可製作泳裝及帳篷 (D) 亞克力纖維的吸溼性強，保溫性差。

(　　) 13. 下列有關衣物去漬方法的敘述，何者正確？ (A) 若沾有鐵鏽時，可用草酸溶液去除之 (B) 當衣物沾有柏油汙漬時，可先用松節油擦拭，再以肥皀水洗滌之 (C) 當衣物沾到汙漬時，宜儘快處理，不需了解衣料種類 (D) 若無法辨識衣料種類時，宜先用熱水清洗，使汙漬溶解一部份，再找出方法去除之。

(　　) 14. 有關服裝設計方面的敘述，下列何者正確？ (A) 圓形線具有輕快感，適合正式端莊的場合 (B) 提高腰線的設計，會使穿者看起來較高 (C) 米色配咖啡色，是屬於對比色的配色法 (D) 膚色較黑者，宜採用較粉嫩色系的顏色。

(　　)15. 服飾成分標示 T/C，是表示哪兩種纖維混紡？　(A) 三醋酸纖維與尼龍　(B) 聚醯胺與羊毛　(C) 嫘縈與壓克力纖維　(D) 聚酯纖維與棉纖維。

(　　)16. 有關於服裝設計 3 要素「線條」的敘述，下列何者不正確？(A) 服裝上的線條設計，可利用布料剪接線、開口、打摺等來表達　(B) 相同等距線條的組合上，不會造成視覺上的錯覺　(C) 將視覺錯覺運用在服裝上，可以掩飾穿者的缺點　(D) 服裝款式的變化是靠線條來完成的。

(　　)17. 下列有關洗滌羊毛織品的敘述，何者正確？　(A) 適合使用強酸性洗潔劑　(B) 可掛在低濕度環境下恢復纖維長度　(C) 適合用含氯漂白劑可避免黃化　(D) 最好使用乾洗可避免衣物縮小變形。

(　　)18. 關於服飾的清潔與保養，下列敘述何者正確？　(A) 為提升去汙力，清洗衣物前宜先浸泡 30 分鐘以上　(B) 含次氯酸鈉的漂白劑適用於經染色處理的衣物　(C) 印花的衣物晾曬時，反面朝外可以避免褪色　(D) 人造皮革的外套最適合以乾洗的方式處理。

(　　)19. 下列是服飾具備的功能，請依馬斯洛（Maslow）的人類需求層次理論，由低層次至高層次的排列順序為何？甲、保護身體不受蚊蟲叮咬；乙、展現職業或身份地位；丙、禦寒避暑；丁、展現個性　(A) 甲乙丙丁　(B) 甲丙丁乙　(C) 丙甲乙丁　(D) 丙甲丁乙。

(　　)20. 有關於水洗標示，下列何者不正確？

(A) 只可使用含氧／無氯漂白劑 

(B) 不可水洗 

(C) 不可以專業乾洗 

(D) 不可漂白 

二、填充題（每格 4 分）

1. 僅適用於白色布料，不可用在彩色布料的漂白劑是＿＿＿＿＿＿＿＿。

2. 採高彩度或高明度色系，與膚色對比，增加艷麗或活潑感的膚色偏＿＿＿＿＿＿＿＿；採綠色系，對比色是紅色，增加臉色紅潤感，則膚色偏＿＿＿＿＿＿＿＿。

3. 胖體型須避免光澤、＿＿＿＿＿＿＿＿、＿＿＿＿＿＿＿＿、伸縮性布料。

三、簡答題（20 分）

1. 服飾搭配的五項原則爲何？

7

Chapter

美容美髮與生活

1. 了解美容美髮的重要性
2. 了解皮膚與頭髮的基本生理概念
3. 美容美髮用品的認識與應用
4. 認識美容美髮的相關行業

面對鏡子，看到自己的容貌，有時覺得滿意、有時覺得厭倦，有時甚至會懷疑鏡中人，是否就是自己。生活在現代社會，無論是爲了結交朋友、強化自信或工作上的需要等，人們對外在美的要求愈來愈高。而外在美就是體態性的美感，能展現在儀容上，並且直接反映個人對生活的態度。

第一節　美容美髮的重要性

適當的妝扮不僅是生活禮儀的必備要項，而打扮得宜的「美容」、「美髮」，更是未來投入職場時的「利器」。

此外，由於社會經濟普遍富足，人類壽命不斷的延長，使得大家對外貌的保養與美感的需求，變得愈來愈大眾化且多樣化，此亦促成美容美髮行業的快速發展。

家政焦點

化妝的起源

最早使用化妝品的考古學證據被發現於西元前 4000 年的古埃及。古希臘人與古羅馬人也使用化妝品，古羅馬與古希臘人使用的化妝品中含有水銀。中國婦女使用妝粉至少在戰國就開始了，最古老的妝粉有兩種成分，一種是以米粉研碎製成；另一種妝粉是將白鉛化成糊狀的面脂，俗稱「胡粉」，又叫「鉛華」。據唐書記載，唐明皇每年會賞妃子脂粉費。

西方社會於 17 世紀開始盛行化妝品，最初是天花痊癒的女性，用來遮掩臉上疤痕。20 世紀以前，西方社會認為大量使用化妝品的行為，暗示個人道德操守的不檢點。但到第二次世界大戰前，化妝品已在西方社會被普遍應用。

一、美容美髮在現代生活中的重要性

美容美髮對一個人的外表特徵，是相當重要的，也是人際間重要的一環，究竟該如何符合流行品味，並配合不同的時間、地點、場合等條件因素，使自己達到裝扮得宜？又該如何避免不完整、不適切的化妝，而能恰如其分地修飾外表，讓自己的容貌更加賞心悅目呢？這些問題，便顯出美容美髮技能的重要性。綜合來說，學習美容美髮有下列重點：

（一）建立個人美感形象與自信心

整潔的儀容、合宜的妝扮是一種禮貌，也是個人美感的呈現。在現今競爭激烈的職場中，除了強化專業知能外，可藉由美容美髮技巧的形塑，突顯個人形象風格，建立自信心。

企業認爲專業、形象以及能見度，即 Brain 腦力、Beauty 美力、Behavior 行爲力，這三種能力合而爲一，便是出類拔萃商數，是現代職場的成功關鍵。由此可知 Beauty 美力，早已是職場能力指標。因此，如何提升個人美容美髮的技巧、建立個人美感風格形象的自信，已是刻不容緩的教育課題。

（二）塑造美麗磁場，強化人際關係

適當修飾外貌，可加深他人對自己的「第一印象」，對人際關係當然有加分作用。在現今的社會，愛美似乎已經沒有年齡、性別的限制，很多男性開始有化妝的習慣。一般來說，男性外貌較陽剛、粗獷，可藉由適當化妝技術，柔化剛硬的線條；女性外貌則多細緻、柔媚，可藉由適當妝扮，強化個性特徵。

化妝技術呈現的容貌質感，是創造良好人際關係的重要條件，因此，美容美髮技能提升，必將使得自己在各種場合，呈現個人魅力、塑造美麗磁場，使人樂於親近。

（三）創造內外皆美的人生

一般人心目中完美的人物形象，應該兼具了「內在美」與「外在美」，「內在美」是指有極佳的品格、專業學術的涵養、善良體貼的心等優點。「外在美」則包含健康的膚質、整潔的儀表、優美的姿態等，一般人的第一印象，也往往針對「外在美」而言。故我們如果運用美容美髮的技術，適度地修飾儀容，讓自己的外表健康、亮麗，「由外而內」，透過「外在美」的展現，使得「內在美」的優點得以發揮，必能創造內外皆美的人生。

第二節　皮膚與頭髮的基本生理概念

想要擁有令人稱羨的好膚質與好髮質，必先瞭解皮膚與頭髮的基本生理概念與正確的養護方法。

一、皮膚

皮膚是人體最大的器官，覆蓋在人體表面並與外界直接接觸，會受遺傳、年齡，健康、環境、氣候、飲食等因素影響而變化，並有多種不同功能。

（一）皮膚的功能

1. 保護肌膚：皮膚最外層的角質層，與皮脂、汗水所組成的弱酸性皮脂膜（pH4.6～5.6），負責保護肌膚，具有殺菌、抑菌及防水等作用，可抵禦微生物、化學物質、紫外線的侵害，還能防止有用物質流失。
2. 感覺作用：皮膚布滿了知覺神經，可透過末梢神經感覺冷熱及疼痛、觸覺、搔癢等反應。
3. 調節體溫：人體溫度可維持在37℃，當體溫高到足以干擾細胞的功能時，皮膚就會排出一定的汗水，以帶走熱氣，皮膚內的微血管也會藉由收縮或擴散，來調整血液流量以達到調節體溫的作用。氣溫升高，微血管就會擴張散熱；氣溫降低，微血管就會收縮保暖。

4. 呼吸作用：皮膚以擴散的方式將氧氣、二氧化碳氣體交換，僅占人體呼吸作用的 1%，其餘則由肺部行氣體交換。
5. 吸收作用：皮膚的吸收作用是有條件的，脂溶性的物質（如：維生素 A、D、E）經由汗腺或皮脂腺的開口（毛孔）被吸收。
6. 分泌作用：皮膚的皮脂腺所分泌的皮脂與汗腺分泌的汗水多寡，會影響皮膚的性質。
7. 排泄作用：皮膚藉由汗腺分泌汗水將人體的水分排出體外。
8. 合成作用：皮膚可透過陽光中的紫外線合成維生素 D。

（二）皮膚的構造

成年人皮膚的面積約爲 1.6 平方公尺，皮膚上存有毛囊、豎毛肌、指甲、皮脂腺、汗腺等附屬器官。皮膚的厚薄因年齡、性別、部位等因素而異，以眼瞼的皮膚最薄，手掌、腳掌的皮膚最厚。皮膚由外而內可分爲表皮層、眞皮層，及皮下組織等三層（圖 7-1）：

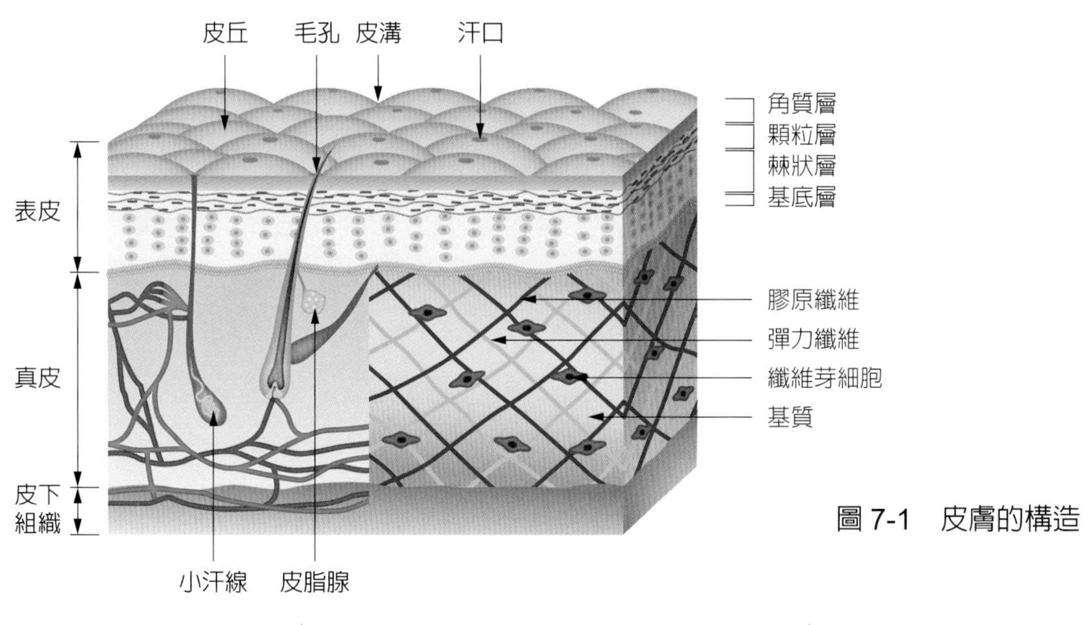

圖 7-1 皮膚的構造

1. 表皮層（Epidermis）：沒有血管分布，是皮膚的最外層，厚度約爲 0.1 ～ 0.3mm。表皮層由外往內又可分爲五層：

名稱	內容	功能
角質層	1. 是無核的死細胞，與外界接觸的第一道防線。 2. 角質層的游離脂肪酸是皮膚主要的化學屏障，內含天然保溼因子（NMF），以維持皮膚正常含水量（皮膚含水量 10%～ 20%最理想）。	1. 具防止水分流失及保護作用。 2. 潤澤皮膚具吸濕性。
透明層	是無核的死細胞，內含角母素呈透明狀，只存在手掌與腳掌。	可防禦紫外線。
顆粒層	含有透明顆粒而得名，細胞開始逐漸老化，而呈現扁平紡錘狀，當皮膚過度摩擦會形成厚繭。	具有防禦紫外線及折射光線的作用。
有棘層	由多角細胞構成，是表皮層中最厚的一層，淋巴液流動於間隙，專責營養補給的工作，並於此層進行細胞分裂產生新細胞。	1. 提供表皮營養。 2. 產生新細胞。
基底層	1. 製造表皮細胞的工廠，新陳代謝旺盛，基底細胞出生後不斷分裂、增殖，所以又稱生發層。 2. 新細胞往上移行，至角質層脫落，此過程約 28 天，稱爲「角化」現象。 3. 除了基底細胞外，還含有黑色素細胞，是製造黑色素（Melanin）的地方。黑斑的產生即肇因於黑色素產生過多。 4. 基底細胞：黑色素細胞＝ 10：1。	1. 產生新細胞。 2. 角化作用。 3. 黑色素具吸收紫外線保護皮膚的作用。 4. 黑色素是影響皮膚顏色重要因素之一，例如：黑人的黑色素細 5. 胞所分泌的黑色素較其他人種旺盛。

2. 真皮層（Dermis）：是皮膚的主體，主要功能像海綿墊，能柔軟又堅固地撐住表皮層，其厚度約 0.3 ～ 3mm，是表皮的數倍。眞皮層由外往內又可分爲乳頭層和網狀層，見下表：

名稱	內容	功能
乳頭層	與表皮的基底層緊密相連，形成波浪狀的接觸，含有微血管與神經末梢，如：觸覺小體。	1. 微血管可以供給表皮所需的營養及運走代謝產物。 2. 神經末梢可以感受觸覺。
網狀層	位於眞皮的深層，與皮下脂肪組織相連接。 1. 由膠原纖維和彈性纖維所組成。其排列縱橫交織，使皮膚彈性和韌性加大。 2. 有較大的血管、淋巴管、皮脂腺、汗腺及毛囊等。 3. 神經和神經末梢較豐富。	1. 膠原纖維：維持皮膚的硬度與伸張度。 2. 彈性纖維：維持皮膚的彈性。 3. 血管：供應皮膚營養。 4. 淋巴管：代謝生理反應的廢水、廢氣。 5. 皮脂腺與汗腺：分泌的皮脂與汗水形成皮脂膜。 6. 毛囊：長出毛髮。 7. 神經：是所有知覺的來源。

3. 皮下組織（Subcutaneoust issue）：介於眞皮與肌肉之間，又稱皮下脂肪，由脂肪細胞及纖維所構成。

名稱	內容	功能
皮下組織	1. 含有大量的脂肪組織，其中分布了許多血管、淋巴管、淋巴結和神經。 2. 脂肪含量多寡會影響身體曲線（一般女性較男性爲厚）。	1. 保溫作用：脂肪細胞是熱的絕緣體。 2. 保護作用：具機械性撞擊的緩衝，吸收震動。 3. 儲存能量：是體脂肪貯存的場所，提供能量之來源，也是脂肪代謝的主要地方。 4. 可使皮膚有彈性。

4. 皮膚的附屬器官：

(1) 皮脂腺：位於眞皮層，分布除手掌、腳掌外，以頭皮最多，其次臉部，四肢最少。皮脂腺主要功能在分泌皮脂，其分泌量是決定膚質的重要因素，可潤滑皮膚，有防止水分蒸發、柔軟頭髮的功能，皮脂膜（pH4.6 ～ 5.6，弱酸性）可抑制細菌。

(2) 汗腺：存在皮膚的眞皮層、皮下組織中，分泌汗液。

(3) 指甲：由皮膚角質層硬化衍生而來，生長速度因年齡、新陳代謝、季節等因素而不同。

(4) 毛髮：由蛋白質所組成，具有保護、美觀、警訊等功能。

（三）皮膚的類型與保養

常見的皮膚類型，依其所含水分、油分、徵狀的不同，可分爲中性皮膚、油性皮膚、乾性皮膚、混合性皮膚、敏感性皮膚，爲了保持青春年華，多數人大肆塗抹各類保養品，但保養不當反而會加速皮膚老化，因此應針對不同的膚質採取不同的保養方式。

1. 預防老化有下列幾點提醒：

(1) 均衡飲食、足量水分。

(2) 作息正常、睡眠充足。

(3) 正確保養、避免日曬。

(4) 情緒愉悅、適當運動

2. 各類型肌膚保養重點：

皮膚的類型	徵狀	形成原因	保養重點
中性皮膚 Normal Skin	1. 膚色健康有光澤、彈性。 2. 毛孔小、膚紋柔細緊實。 3. 沒有斑點、粉刺。	1. 水分、油分分泌正常。 2. 血液循環與新陳代謝良好。	1. 注意清潔、爽膚、潤膚以及按摩的護理。注意補充水分，調節皮膚的油、水平衡。 2. 依皮膚年齡、季節選擇護膚品，夏天親水性，冬天滋潤性。

皮膚的類型	徵狀	形成原因	保養重點
油性皮膚 Oily Skin	1. 皮膚油膩。 2. 毛孔粗大、皮溝深、角質厚。 3. 易長粉刺、面皰。	1. 荷爾蒙分泌不平衡，造成皮脂分泌旺盛。 2. 皮脂堆積、角質代謝異常。 3. 皮脂阻塞於毛囊內。	1. 注意補充水分及皮膚的深層清潔，控制油分的過度分泌，調節皮膚的油、水平衡，保持毛孔的暢通和皮膚清潔。 2. 少吃糖、咖啡、刺激性食物，多吃維生素 B_2、B_6 增加肌膚抵抗力。 3. 護膚品選擇：使用油分較少、清爽性、抑制皮脂分泌、收斂性較強的護膚品。白天用溫水洗臉，選用適合油性皮膚的洗面乳。 4. 面皰處不要化妝、按摩，不可使用油性護膚品，化妝用具應經常清洗或更換，要注意適度的保濕。
乾性皮膚 Dry Skin	1. 緊繃、乾澀、沒光澤。 2. 膚紋細、毛孔小、皮溝淺。 3. 易長斑點、皺紋、起皮屑。	1. 油分與水分的分泌量不足。 2. 新陳代謝不佳。 3. 隨著年齡增加，皮膚保水能力衰退。	1. 注意補充肌膚的水分與營養、調節油、水平衡的護理。 2. 多按摩促進血液循環。 3. 護膚品選擇：選擇鹼性度較低的清潔用品、保濕化妝水；可使用滋潤、美白、活性的修護霜和營養霜。 4. 多喝水、多吃水果、蔬菜，不要過於頻繁的沐浴及過度使用潔面乳。

皮膚的類型	徵狀	形成原因	保養重點
混合性皮膚 Combination Skin	1. T字（額頭、鼻子、下巴）油脂分泌多、毛孔粗大、易長粉刺。 2. 兩頰皮膚正常或乾燥缺水。	1. 荷爾蒙、皮脂腺分泌異常。 2. 季節、氣候、飲食習慣的影響。	1. 依皮膚各部位的屬性分別保養處理。 2. 注意補充肌膚的水分、營養，調節皮膚油、水的平衡。 3. 護膚品選擇：夏天選擇清爽性，冬天選擇滋潤性用品。
敏感性皮膚 Sensitive Skin	1. 膚質較薄、最脆弱的皮膚。 2. 常會發紅、出疹、發癢，微血管明顯。	1. 天生體質。 2. 季節轉換。 3. 不當保養。 4. 不良生活習慣：熬夜、抽菸、喝酒、藥物。	1. 洗臉時，水溫適中，使用溫和的洗面乳。 2. 白天避免陽光傷害；晚上增加皮膚的水分。 3. 要避免吃易引起過敏的食物，若皮膚出現過敏，要立即停止使用任何保養品，並對皮膚進行觀察或就醫。 4. 護膚品選擇：建議先進行皮膚試驗。切忌使用劣質護膚品或同時使用多種產品，也不要常更換。應選擇適合敏感性皮膚的護膚品，避免含香料、刺激性過多的產品。

另外，許多人遇到生理期時，肌膚狀態不穩定，顯得粗糙敏感，臉上不斷長面皰，情緒不穩。建議保養應配合生理週期和皮膚狀況，選擇適合的保養方法。

二、頭髮

頭髮是皮膚的附屬器官，由皮膚的角質層演變而來。頭髮的髮量、髮色及造型，會影響人的外貌，頭髮的顏色及其特徵是由基因決定，常見有黑色、棕色、金黃色、紅色等，當人老化時，頭髮大部分會變成銀白色，不同人種的頭髮硬度、捲曲度也不同。

（一）頭髮的功能

1. 保護：蓬鬆的頭髮具有彈性，可以抵擋碰撞，除了保護頭皮外，也有保暖的作用。
2. 警訊：年齡增長、工作壓力、身體老化等因素，會使頭髮失去光澤、斷裂、變白、甚至脫落，是健康出了問題的警訊。
3. 美觀：頭髮的髮量、髮色及造型會影響人的外表，髮量多寡還帶有青春、活力等意義。

（二）頭髮的構造

胎兒在母體內第三個月起開始生長毛髮。頭皮上長有數以萬計的頭髮，自毛囊長出來（圖 7-2）；毛囊的底部有微血管，能從血液中吸取養分。頭髮由於沒有神經，所以無感覺。

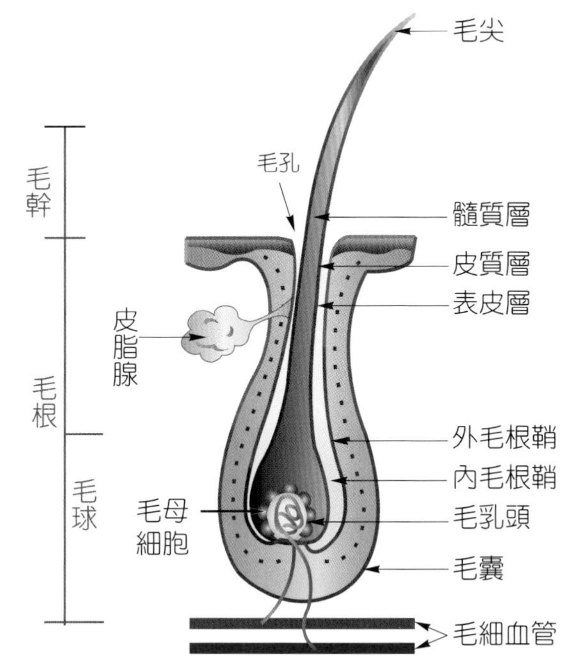

圖 7-2　頭髮的構造

1. 頭髮的橫面分析：

名稱	內容	功能
表皮層	1. 是毛髮的最外層。 2. 由鱗狀細胞重疊排列而成。	1. 保護毛髮內部。 2. 防止水分流失。
皮質層	1. 是毛髮的主要部分，介於毛表皮與毛髓質之中。 2. 長而平行的柱狀細胞所構成。 3. 含自然的色素粒子，稱爲麥拉淋色素（Melanin）。	1. 提供毛髮彈性，有捲曲度。 2. 影響毛髮顏色。
髓質層	在毛髮的中心部位，也是毛髮的基礎，通常粗髮中才看得見。	輸送養分。

2. 頭髮的縱面分析：

名稱	內容
毛幹	露出頭皮的部分。
毛孔	毛髮的開口，容易積留皮脂和汙穢，常是細菌的溫床。
毛根	在毛囊內的部分，穿過眞皮和表皮，尖端與毛乳頭相連接。
毛囊	頭皮內呈管狀的凹陷或囊袋，它把毛根緊緊地包住。人類頭皮約 10 萬個毛囊。
皮脂腺	位於眞皮內的小型囊狀物所組成，有導管與毛囊相通，其分泌的皮脂使毛髮柔順有光澤。皮脂的多寡，可決定毛髮的中性、油性、或乾性。
毛球	毛的膨大部分，恰好容納毛乳頭，由此長出毛根和毛幹。
毛乳頭	又稱毛髮之母，因毛乳頭有豐富的血液和神經，並有專司毛髮營養的血管。

（三）頭髮的生命週期

毛髮只在毛球部分有生命力，所以它有生命循環的現象。頭髮生命週期受性別、年齡、季節、健康、飲食、荷爾蒙等因素影響。

頭髮的生長速度：女性比男性長得快些，年紀輕較年長者快，春夏快於秋冬、白天快於夜晚、短髮快於長髮。健康毛髮會自然脫落，1 日約 50 ～ 100 根。頭髮的生命週期，可分爲四個階段：生長期、退化期、靜止期與出生期。

1. 生長期：這階段的毛囊長而深，長出濃密有光澤的毛髮。一般在任何時間，約 85%的頭髮是處於生長期。每根頭髮的正常壽命約 2 ～ 6 年。
2. 退化期：在生長期階段過後，毛髮就進入 2 ～ 4 個星期的退化期。
3. 靜止期：頭髮停止生長，爲時約 2 ～ 4 個月。梳頭後，留在梳子或掉下來的頭髮，均屬於靜止期的頭髮。
4. 出生期：頭髮會鬆脫附於髮根，隨後新的頭髮會在該位置開始生長，通常於數月後，會被新長出來的頭髮擠出。

家政焦點 **人類頭髮的顏色**

目前世界上常見的髮色有黑色、白色、金黃色、棕色及紅色等。頭髮裡面的麥拉寧黑色素是決定頭髮顏色的關鍵，中國人的頭髮是黑色的，這就是因為麥拉寧黑色素較多的緣故，而歐美人擁有棕色等顏色的頭髮，是因為頭髮的麥拉寧黑色素較少。當人老了時，頭髮通常會變成銀白色或銀灰色；另外有白化症的人由於體內色素缺乏，會有白色頭髮。人類因自然地理分布不同，產生了不同的人種，不同的人種有不同的特徵，如：黃種人、黑種人的頭髮大都是黑色的，白種人的頭髮則以金黃色居多。不同人種之間繁衍的後代帶有更複雜的特徵，所以很難確知某種髮色的來歷。紅髮是愛爾蘭人的特徵，而愛爾蘭人、與蘇格蘭人、布列塔尼（Brittany）、威爾斯都是克里特後裔，所以紅髮有可能是克里特人留下的遺傳，也有可能是愛爾蘭原住民的遺傳。

（四）頭髮的保養

洗髮是清潔頭髮的最基本課題，然而維護頭髮的健康，則要重視平日營養吸收及生活作息。

1. 促進頭髮生長的營養成分：

(1) 蛋白質：頭髮是由蛋白質所組成，因此要攝取促進頭髮健康的食物，有魚類，蛋，大豆製品，牛乳等。

(2) 碘類食品：可促進頭髮發育。有海帶，紫菜等海藻類。

(3) 維他命：維他命 A、E 及生物類黃酮，可促進血液循環，可防止掉髮。維他命 B 群，可促進頭皮新陳代謝。

(4) 膠原蛋白：能使頭髮充滿光澤，恢復彈性。如山藥，芋頭，蓮藕等，皆含有天然膠原蛋白成分。

2. 髮質分析與保養建議：

髮質	特徵	建議
中性髮質	洗髮後 4 ～ 5 天仍覺得清爽者，是理想的髮質。	使用有滋養及潤髮作用的產品，可預防掉髮和白髮。
油性髮質	早上洗頭，晚上就出油者。因頭皮的油脂分泌異常，皮脂腺分泌旺盛，造成毛囊的阻塞，而抑制頭髮的生長。	使用含植物精華的洗髮產品，既能清潔又不會刺激頭皮，使頭髮乾爽有光澤。
乾性髮質	洗髮後，頭皮乾燥、髮質較乾澀，梳髮時會引起靜電。這是由於皮脂缺乏，頭皮血液循環不良，頭髮保濕不足。	使用保濕成分或高營養的維他命 B5 的洗髮產品。

3. 頭髮清潔技巧：

(1) 先梳頭，把頭皮上的髒汙和鱗屑（死細胞）弄鬆。

(2) 把頭髮弄濕，並將洗髮精倒入手掌，加水稀釋，起泡。

(3) 以指腹把洗髮精均勻揉進髮幹裡，輕輕按摩。

(4) 沖洗頭髮，直到徹底沖洗乾淨為止。

4. 保養品選購原則：市售美髮產品種類繁多，挑選時要區別其功能，選擇適合自己髮質的產品，內容物含天然成分者較佳。

5. 保養時機：多數護髮產品在頭髮半乾時使用較佳。所以，在頭髮風乾前使用，以免熱風毀損頭髮。一般在梳理髮型前保養、滋潤與調整髮型，完成後再加以定型及保護頭髮。

6. 作息正常：避免過度工作精神壓力的負荷，減少非必要應酬。

7. 減少甜食：食用過量糖分，特別是果糖，將會造成前額禿頭。

8. 避免高溫：頭髮的成分是蛋白質，在超過 60℃的環境下，就會變質。所以過度使用吹風機、燙髮、染髮，都會造成頭髮立即受損。

第三節　美容美髮用品的認識與應用

市面上琳瑯滿目、美不勝收的美容美髮用品，內容包羅萬象，常讓我們眼花撩亂。依據化妝品衛生管理條例：化妝品係指施於人體外部，以潤澤髮膚，刺激嗅覺，掩飾體臭或修飾容貌之物品。

一、美容美髮用品的認識

近年來美容美髮產業蓬勃發展，更結合生化科技、食品科技與醫學美容等，不斷研發之下，種類繁多不勝枚舉，消費者只能追隨業者腳步不斷更新、認識新產品。

（一）美容用品分類

1. 依成分分類：

   (1) 含藥化妝品：化妝品含有醫療，或毒物藥品成分之化妝品，具有療效，所含之藥品成分，需符合政府規定之範圍及基準。

   (2) 一般化妝品：未含有醫療或毒物藥品之化妝品。

2. 依作用分類：

   (1) 彩色化妝品：可美化人體色彩之彩妝產品。如：蜜粉類、眼部化妝品、修容類、唇部化妝品和粉底類等（圖7-3）。

圖 7-3　彩色化妝品

   (2) 清潔化妝品：可供皮膚清潔、卸妝的作用。如：卸妝用品、洗臉用品、去角質用品及敷面劑等。

   (3) 保養化妝品：可供皮膚保養的作用。如：化妝水、精華液、防曬霜、隔離霜、乳液等。

   (4) 芳香品：香水、香膏、香粉等。

（二）美髮用品分類

1. 清潔用品類：包括洗髮精（粉）、洗髮乳、洗髮皂等，主要是用來清潔頭皮及頭髮。

2. 保護類用品：包括護髮油（乳）、潤絲精、順髮露等，主要是使頭髮滑順不毛燥，並具有滋養頭髮表層，維持光澤有彈性。

3. 造型類用品：包括定型液、造型液（慕絲）和髮蠟、髮雕、髮膠等，主要爲整髮、塑型與定型。

4. 燙髮類用品：包括冷燙髮液、熱燙髮液、離子燙髮液等。

5. 染髮類用品：包括暫時性染髮劑、半永久性染髮劑、永久性染髮劑、漸進式染髮劑及頭髮褪色劑等。

6. 調理類用品：包括生髮水、頭皮調理水等，須注意用法及用量。

（三）依部位及劑型分類

衛生福利部將化妝品分爲一般化妝品與含藥化妝品（特殊用途化妝品），含藥化妝品是指含有含有醫療或毒劇藥品的化妝品，如：燙髮劑、染髮劑、制汗劑、防曬劑等；一般化妝品，免備查，包裝上無須標示許可證字號，分類如下表：

種類	品目範圍
一、洗髮用化粧品類	1. 洗髮精、乳霜凝膠粉　2. 其他
二、洗臉卸粧用化粧品類	1. 洗面乳、洗面霜、洗面凝膠、洗面泡沫、洗面粉 2. 卸粧油、卸粧乳、卸粧液　3. 其他
三、沐浴用化粧品類	1. 沐浴油、沐浴乳、沐浴凝膠、沐浴泡沫、沐浴粉 2. 浴鹽　3. 其他
四、香皀類	1. 香皀　2. 其他
五、頭髮用化粧品類	1. 頭髮滋養液、護髮乳、護髮霜、護髮凝膠、護髮油 2. 造型噴霧、定型髮霜、髮膠、髮蠟、髮油 3. 潤髮劑　4. 髮表著色劑　5. 染髮劑 6. 脫色、脫染劑　7. 燙髮劑　8. 其他

種類	品目範圍
六、化粧水 / 油 / 面霜乳液類	1. 化粧水、化粧用油 2. 保養皮膚用乳液、乳霜、凝膠、油 3. 剃鬍水、剃鬍膏、剃鬍泡沫 4. 剃鬍後用化粧水、剃鬍後用面霜 5. 護手乳、護手霜、護手凝膠、護手油 6. 助曬乳、助曬霜、助曬凝膠、助曬油 7. 防曬乳、防曬霜、防曬凝膠、防曬油 8. 糊狀 (泥膏狀) 面膜　9. 面膜　10. 其他
七、香氛用化粧品類	1. 香水、香膏、香粉　2. 爽身粉 3. 腋臭防止劑　4. 其他
八、止汗制臭劑類	1. 止汗劑　2. 制臭劑　3. 其他
九、唇用化粧品類	1. 唇膏　2. 唇蜜、唇油　3. 唇膜　4. 其他
十、覆敷用化粧品類	1. 粉底液、粉底霜　2. 粉膏、粉餅 3. 蜜粉　4. 臉部 (不包含眼部) 用彩粧品 5. 定粧定色粉、劑　6. 其他
十一、眼部用化粧品類	1. 眼霜、眼膠　2. 眼影　3. 眼線 4. 眼部用卸粧油、眼部用卸粧乳　5. 眼膜 6. 睫毛膏　7. 眉筆、眉粉、眉膏、眉膠 8. 其他
十二、指甲用化粧品類	1. 指甲油　2. 指甲油卸除液 3. 指甲用乳、指甲用霜　4. 其他
十三、美白牙齒類	1. 牙齒美白劑　2. 牙齒美白牙膏

二、美容美髮用品的應用

(一) 選購美容美髮用品時的注意事項

1. 視需要配合自己的年齡、膚質及髮性，並確定用品的性質、用途來選購，避免被廣告左右。

2. 不要購買來路不明、成分標示不完全、誇大不實，無法查證的用品。
3. 注意標示：「品名」、「用途」、「用法」要有中文標示。另外，要注意化妝品「成分」，「重量或容量」、「製造日期或批號」、「製造商或進口商的名稱」、「地址」。
4. 如含有衛福部公告的含藥成分，必須要標示藥品名稱、含量與使用注意事項，並加註「保存期限」與「保存方法」。
5. 認識衛福部含藥成分許可證字號，國外進口者爲【衛部粧輸字第〇〇〇〇〇〇號】、【衛部粧陸輸字第〇〇〇〇〇〇號】，國內製造者爲【衛部粧製字第〇〇〇〇〇〇號】（圖 7-4）。
6. 如該化妝品未含藥品成分且未標示療效，是屬一般化妝品，不需在外包裝標示許可證字號，一般化妝品不能宣稱具有療效。

品名　ABC 洗面乳　2014.09
批號或出廠日期
● 溫和配方，低刺激性
● 細緻泡沫，容易沖洗
用法　使用方法：取適量於手心，加水搓揉出泡沫，以按摩方式清潔臉部，再以清水洗淨
用途　用　途：清潔臉部肌膚
注意事項：僅供外用，使用後若有不適，請立即停止使用，並向皮膚科醫師諮詢。避免誤入眼睛，如不慎入眼睛，應立即以大量清水沖洗
成分（限以中文或英文標示）　成　分：Water, Petrolatum, Potassium Cocoyl Glycinate, Fragrance
容量：108 克　重量或容量
製造日期：標示於管身　保存期限：3 年
廠名地址　臺灣 ABC 股份有限公司
臺北市信義路 321 號 32 樓
保存方法以及保存期限
保存方法：請放置陰涼乾燥處，勿直接照射太陽
消費者專線：0800-321-321

CBA 保濕粉底液　產地：日本　2014.09
極佳保濕力＋遮瑕 ◆ 妝感持久 好推勻
使用方法：使用前先均勻搖動，使用指腹或海棉（粉底刷）均勻塗抹於全臉
用　途：防曬、美化肌膚
注意事項：限外用，使用後若有異常或不適現象，請立即停止使用，並向皮膚科醫師諮詢。
衛部粧輸字第 010203 號　許可證或核准字號
全 成 分：Aqua, Cyclopentasiloxane, Glycerin
容量：65 克　保存期限：3 年
出廠日期：如外包裝所示
輸入廠商之名稱、地址（國外輸入之化妝品）
製造商：XYZ LTD.
製造廠址：123, Kamado, Gotemba-city, Shizuoka, Japan
進口商：臺灣 CBA 股份有限公司
臺北市信義路 123 號 23 樓
保存方法：請放置陰涼乾燥處，勿直接照射太陽
消費者服務專線：0800-123-123

圖 7-4　左圖為一般化妝品仿單；右圖為含藥化妝品仿單

（二）使用、保存時應有的正確觀念

1. 要依自己的膚質或髮質選購適合的化妝品，並仔細閱讀使用說明書。
2. 開封後的保養品，務必要栓緊瓶蓋，以免細菌汙染造成變質。
3. 取用保養品前，手部需清潔乾淨，以免造成汙染。
4. 粉撲使用完後，勿直接放在粉餅上，且要時常洗淨。
5. 保養品應置放陰涼處，避免陽光照射。化妝檯燈光處，也應避開。
6. 保養品開封啓用，必須在期限內使用完畢。若有異狀時，要立刻停用。絕不使用過期或變質之保養品，以免造成皮膚傷害。

家政焦點

醫學美容保養品

坊間所謂「類醫學美容保養品」，一開始是皮膚科醫師針對術後肌膚患者、或是特殊皮膚狀況者，提供成分濃度較高的保養品。大部分患者使用後皮膚恢復的比預期還要好，因而就慢慢研發出溫和、安全、可居家使用的產品。醫學美容等級的保養品，雖然價格偏高，但是一直擁有許多的愛用者，最大的原因當然是快速、有效。類醫學美容保養品之所以受人青睞，除了有專業醫療人員肯定，每一項產品開發的原則，都以安全、健康為訴求。平常選用保養品要很小心的敏感性肌膚、問題性肌膚，都能在這些類醫學美容保養品裡找到適用的產品。

第四節　美容美髮相關行業

愛美是人的天性，再加上臺灣經濟發展迅速、生活條件進步，外貌的修飾已經是基本禮儀。現今美容、美髮、醫學美容、休閒流行行業的結合，已逐漸成爲現代美容美髮消費市場的趨勢。在激烈競爭下，追求美麗的品

質要求就愈來愈高，因而帶動了美容美髮相關行業的興盛，創造了許多新穎的美麗行業。

一、美容美髮專業工作項目

（一）整體造型師

1. 演藝人員整體造型師：影視造型的化妝範圍十分寬廣，若要成爲出色的演藝人員整體造型師，對於歷史文物以及產業新知，都必須涉獵，才能得心應手。另外，爲溝通方便，須具備繪製造型設計圖的能力（圖 7-5）。

圖 7-5　造型設計圖

2. 模特兒造型設計師：各種服裝型錄、雜誌、平面廣告模特兒彩妝造型，各類造勢場合模特兒造型設計。
3. 婚紗攝影造型設計師：以美容美髮爲基礎，配合攝影師發展成爲婚紗攝影整體設計，舉凡髮型、彩妝、婚紗、配件等等繁瑣細微項目都要耐心打點，幫客戶做到完美的演出。

（二）彩妝師

1. 專櫃彩妝師：百貨公司各品牌專櫃彩妝師要在現場幫客人化妝示範，針對各種不同的臉型、膚質，要能分辨、恰當處理。
2. 新娘彩妝師：由於現代人對於婚禮籌備過程相當重視，彩妝的要求當然也隨之提高，新娘彩妝除了與婚紗廠商配合之外，還有自行接案擔任新娘秘書，在婚禮上協助新娘的整體造型。

3. 禮儀化妝師：禮儀化妝師能讓往生者臉色漂亮，有尊嚴地離開人世，也是積德的行業。

（三）美容師

1. 專業護膚美容師：從事美容諮詢及服務，任職於醫學美容中心、護膚沙龍、美容 Spa 等。
2. 美甲師：主要工作內容為手部基礎保養、指甲基礎深層保養、修整等。
3. 傳統挽面師：挽面的功能就是除毛與拔粉刺。

（四）美髮師

1. 美髮設計師：主要從事顧客頭髮的修剪、設計、吹燙與染漂保養服務等。
2. 美髮助理：協助設計師為顧客清潔、保養頭髮及顧客接待等服務工作，並提供保養上的建議。

二、美容美髮教育人員

1. 公私立大專、高職美容科教師。
2. 美容美髮補習班教師。

三、美容美髮相關專業證照

1. 女子美容：乙級、丙級技術士證照。
2. 女子美髮：乙級、丙級技術士證照。
3. 男子理髮：乙級、丙級技術士證照。

重點摘要

7-1 美容美髮的重要性

1. 美容美髮在現代生活中的重要性：

(1) 為建立個人美感形象與自信心。

(2) 為塑造美麗磁場強化人際關係。

(3) 為創造內外皆美的人生。

7-2 皮膚與頭髮的基本生理概念

1. 皮膚是人體最大的器官，皮膚性質受遺傳、年齡，健康、環境、氣候、飲食等因素影響。
2. 皮膚的功能：保護肌膚、感覺作用 調節體溫、呼吸作用、吸收作用、分泌作用、排泄作用、合成作用。
3. 皮膚的厚薄因年齡、性別、部位等因素而異，以眼瞼的皮膚最薄，而手掌、腳掌的皮膚最厚。
4. 皮膚由外而內可分為表皮層、真皮層，及皮下組織等三層。
5. 表皮可以細分成五層，由外到內是角質層，透明層，顆粒層，有棘層及基底層等五層。
6. 角質層的游離脂肪酸是皮膚主要的化學屏障，內含天然保溼因子（NMF），以維持皮膚正常含水量（皮膚含水量 10%～ 20%最為理想）。

7. 有棘層由多角細胞構成，是表皮層中最厚的一層，淋巴液流動於間隙，專責營養補給的工作。

8. 真皮層由外往內又可分為：乳頭層和網狀層。

9. 真皮層是血管、淋巴管、神經、皮脂腺、汗腺和毛囊的所在。

10. 皮下組織主要由脂肪細胞所形成，能阻隔熱能、吸收震動，及提供能量之來源，是體脂肪儲存的場所，也是脂肪代謝的主要地方。

11. 網狀層由膠原纖維和彈性纖維所組成。其排列縱橫交織，使皮膚彈性和韌性加大。

12. 皮膚的附屬器官：皮脂腺、汗腺、指甲、毛髮。

13. 皮膚類型依其所含水分、油分、徵狀的不同，可分為：　　中性皮膚、油性皮膚、乾性皮膚、混合性皮膚、敏感性皮膚等。

14. 頭髮是皮膚的附屬器官，由皮膚的角質層演變而來。頭髮的髮量、髮色及造型，會影響人的外貌，頭髮的顏色及其特徵是由基因決定。

15. 頭髮的功能：保護、警訊、美觀。

16. 頭髮的構造：

    (1) 頭髮的橫面分析：表皮層、皮質層、髓質層。

    (2) 頭髮的縱面分析：毛幹、毛孔、毛根、毛囊、皮脂腺、毛球、毛乳頭。

17. 毛乳頭又稱毛髮之母，因毛乳頭有豐富的血液和神經，並有專司毛髮營養的血管。

18. 頭髮的生命週期可分為四個階段：生長期、退化期、靜止期、出生期。

7-3 美容美髮用品的認識與應用

1. 美容用品分類：

   (1) 含藥化妝品：化妝品含有醫療或毒劇藥品成分之化妝品。

   (2) 一般化妝品：未含有醫療或毒物藥品之化妝品，免備查。

2. 衛生福利部的含藥成分許可證字號，國外進口者為【衛部粧輸字第○○○○○○號】、【衛部粧陸輸字第○○○○○○號】，國內製造者為【衛部粧製字第○○○○○○號】。

3. 使用、保存時應有的正確觀念：

   (1) 要依自己的膚質或髮質選購適合的化妝品，並仔細閱讀使用說明書。

   (2) 開封後的保養品，務必要栓緊瓶蓋，以免細菌汙染造成變質。

   (3) 取用保養品前，手部需清潔乾淨，以免造成汙染。

   (4) 粉撲使用完後，勿直接放在粉餅上，且要時常洗淨。

   (5) 保養品應置放陰涼處，避免陽光照射。化妝檯燈光處，也應避開。

   (6) 保養品開封啓用，必須在期限內使用完畢。若有異狀時，要立刻停用。絕不使用過期或變質之保養品，以免造成皮膚傷害。

7-4 美容美髮相關行業介紹

1. 現今美容、美髮、醫學、休閒流行行業的結合，已逐漸成為現代美容美髮消費市場的趨勢。在激烈競爭下，追求美麗的品質要求就愈來愈高，因而帶動了美容美髮相關行業的興盛。

2. 美容美髮專業工作項目，依其服務對象及工作性質的不同，而有些許差異，可分四種：

(1) 整體造型師：為演藝人員、模特兒、婚紗攝影整體造型設計。

(2) 彩妝師：專櫃彩妝師、新娘彩妝師、禮儀彩妝師。

(3) 美容師：專業護膚美容師、美甲師、傳統挽面師。

(4) 美髮師：美髮設計師、美髮助理。

3. 美容美髮教育人員：公私立大專、高職美容科教師。美容美髮補習班教師。

4. 美容美髮相關專業證照，包含女子美容、美髮、男子美髮等職種。

(1) 女子美容：乙級、丙級技術士證照。

(2) 女子美髮：乙級、丙級技術士證照。

(3) 男子理髮：乙級、丙級技術士證照。

請沿虛線撕下

課後評量

範圍：第七章

班級：＿＿＿＿＿　座號：＿＿＿　姓名：＿＿＿＿＿

評分欄

一、選擇題（每題 3 分）

(　　) 1. 皮膚由外而內分爲？　(A) 表皮層　(B) 眞皮層　(C) 乳頭層　(D) 皮下組織。

(　　) 2. 角質層的游離脂肪酸是皮膚主要的化學屏障，內含天然保溼因子（NMF），以維持皮膚正常含水量。最理想的皮膚含水量是 (A)5％～10％　(B)10％～20％　(C)30％～40％　(D)40％～50％。

(　　) 3. 皮膚的附屬器官，下列何者錯誤？　(A) 神經　(B) 指甲　(C) 皮脂腺　(D) 汗腺。

(　　) 4. 有關於引起肌膚老化的敘述，下列何者爲非？　(A) 紫外線照射　(B) 荷爾蒙濃度下降　(C) 人體新陳代謝加速　(D) 不正常的生活作息。

(　　) 5. 表皮構造中，具有一些透明的角母素，只存在於手掌與腳掌，所述爲那一層？　(A) 角質層　(B) 透明層　(C) 顆粒層　(D) 基底層。

(　　) 6. 大陸進口的含藥化妝品字號應爲 (A) 衛部粧輸字第○○○○○○號　(B) 衛部粧陸輸字第○○○○○○號　(C) 衛部粧製字第○○○○○○號　(D) 衛部粧陸製字第○○○○○○號。

(　　) 7. 皮膚可透過陽光中的紫外線合成何種維生素？　(A) 維生素 A　(B) 維生素 B　(C) 維生素 C　(D) 維生素 D。

(　　) 8. 有關於乾性肌膚的敘述，下列何者錯誤？　(A) 油分、水分分泌不足　(B) 年齡增加，皮膚保水能力衰退　(C) 皮脂分泌盛旺　(D) 新陳代謝不佳。

(　　) 9. 處於生長期的頭髮，每根頭髮的正常壽命約　(A)1 ～ 6 年　(B)2 ～ 6 年　(C)3 ～ 6 年　(D)4 ～ 6 年。

(　　) 10. 下列何者是毛髮的開口，容易積留皮脂和汙穢，常是細菌的溫床？　(A) 毛根　(B) 毛囊　(C) 毛孔　(D) 毛幹。

(　　) 11. 下列關於皮膚的敘述，何者正確？　(A) 乾性皮膚的膚紋細，易起皮屑，易有細小皺紋　(B) 表皮層佈滿末梢神經，使得皮膚有觸覺的功能　(C) 皮膚的吸收作用中，對於水溶性物質較易吸收　(D) 皮膚是人體最大的器官，而健康的皮膚呈現微鹼性。

(　　) 12. 有關皮膚與頭髮的基本生理概念，下列敘述何者錯誤？　(A) 毛母細胞又稱「毛髮之母」　(B) 健康皮膚 pH 值略偏弱酸性　(C) 皮下組織含有大量脂肪細胞　(D) 毛髮成長的速度與年齡成反比。

(　　) 13. 下有關市售防曬產品之標示，下列敘述何者正確？　(A)SPF30 代表可完全遮蔽 UVB 至少 300 ～ 600 分鐘　(B)PA++ 的產品比 PA+ 的產品對紫外線 UVA 的防護更佳　(C) 外出前塗抹 SPF 值愈高的產品，之後不需重複塗抹，以免造成皮膚負擔　(D) 一般 SPF30 即有防止 UVA 及 UVB 曬傷的功能。

(　　) 14. 下列有關皮膚表皮層的敘述，何者正確？　(A) 顆粒層是表皮中最厚的一層　(B) 角質層是直接與化妝品接觸最頻繁的一層　(C) 有棘層由粒狀細胞組成，會產生大量角質素　(D) 基底層可經由按摩促進血液循環，增進新陳代謝。

請沿虛線撕下

(　　) 15. 膚質較薄、最脆弱的皮膚，常會發紅、出疹、發癢，是屬於下列哪一種膚質？　(A) 中性皮膚　(B) 敏感性皮膚　(C) 乾性皮膚　(D) 油性皮膚。

(　　) 16. 皮膚的 T 字部位是指：　(A) 額頭、鼻子、下巴　(B) 臉頰、額頭、鼻子　(C) 臉頰、鼻子、下巴　(D) 鼻子、下巴、頸部。

(　　) 17. 下列關於保養品的選擇，何者正確？　(A) 乾性皮膚宜選收斂效果較高的化妝水　(B) 乾性皮膚宜選含油分水分較高的保養品　(C) 油性皮膚宜選含油分較高的保養品　(D) 油性皮膚宜選含營養分較高的保養品。

(　　) 18. 化妝品的使用，下列何者錯誤？　(A) 濕潤粉撲使用後應直接放在粉餅上，避免使粉餅變硬、結塊　(B) 已取出未用完的化妝品不可倒回瓶罐中　(C) 蜜粉應倒出適量於面紙上再以粉撲沾取使用　(D) 使用化妝品後，如有紅、腫、熱、癢、痛等不適，應立即停用，並儘速就醫。

(　　) 19. 有關於混合型肌膚的特性以及保養護理時注意事項，下列何者錯誤？　(A) 額頭毛孔粗大，油脂分泌多，兩頰乾燥缺水　(B) 易長粉刺，常感覺鼻子部位經常油油的　(C) 選擇保養品時，應以較油的部位作爲基準　(D) 需要分區保養，可以依據用量和次數來調整，讓肌膚達到平衡。

(　　) 20. 有關於洗臉用化妝品的使用注意事項，下列何者錯誤？　(A) 目前多數的洗面乳，適合所有膚質使用，特別是敏感型肌膚　(B) W/O 型的清潔乳霜，主要除去彩妝之用　(C)O/W 型比 W/O 洗面霜，洗淨力差，但是較清爽可以水洗　(D) 乳霜狀卸妝油含油量較少，質地較卸妝乳清爽。

二、填充題（每格 4 分）

1. 皮下組織有四個功能：＿＿＿＿＿＿＿、＿＿＿＿＿＿＿、＿＿＿＿＿＿＿，以及使皮膚有彈性。
2. 毛乳頭又稱毛髮之母、本身附有豐富的＿＿＿＿＿＿＿和＿＿＿＿＿＿＿，並有專司毛髮營養的血管。

三、簡答題（20 分）

1. 化妝品的定義？

Chapter

時尚與生活

1. 瞭解流行時尚的趨勢
2. 瞭解家政與時尚的關係
3. 瞭解與時尚相關的生涯規劃
4. 認識模特兒的相關行業

社會環境在某一時期特別崇尚的文化，即可稱爲「時尚」。時尚與生活密切相關，時尚可以指任何生活中的事物，例如：時尚的穿著方式與髮型、時尚人物、時尚生活型態或時尚服飾品牌等。時尚永遠處於變動的狀態，並取得不同時代社會公眾的認同和成爲仿效的目標。

第一節　流行時尚的趨勢

一、流行時尚的定義

流行時尚（Fashion）是什麼？就是在特定時間內，形成普遍性或具有指標性的風潮。簡單的說，就是有計畫地過時，而商業運作更加速流行時尚的汰舊換新。

若以不同的面向評價流行時尚，其間又存在著很大的差異：

1. 領導者面向：具有走在時代尖端的優越感。
2. 追隨者面向：尋求認同，滿足愛與歸屬的需求。
3. 反對者面向：虛華與膚淺、沒必要、多餘、浪費甚至是奢侈的，是沒有獨立判斷的從眾生活方式。
4. 設計者面向：一種個人理念的呈現與分享。
5. 商業行銷面向：不斷推陳出新，創造更多利潤。

二、流行時尚的傳播

英國、法國與美國等國家皆有國際時尚權威預測機構，提前一年預測發布服飾色彩（圖 8-1）、樣式與材質或有用的市場情報，設計師擷取流行時尚預測元素，設計新一季的服飾等商品，並透過動態表演、靜態展示或書面報告等方式發表與宣傳。

（二）傳播方式

世界各國的服飾設計師除相互觀摩學習外，必須考量地區消費者的需求，設計製作具有地區行銷力的商品；服飾經營業者則大量宣傳與廣告，形塑流行時尚的風潮，吸引消費者目光。隨著科技進步，傳播方式也逐年改變，傳統方式雖仍具有影響力，而新傳播方式的影響力更是不容小覷。

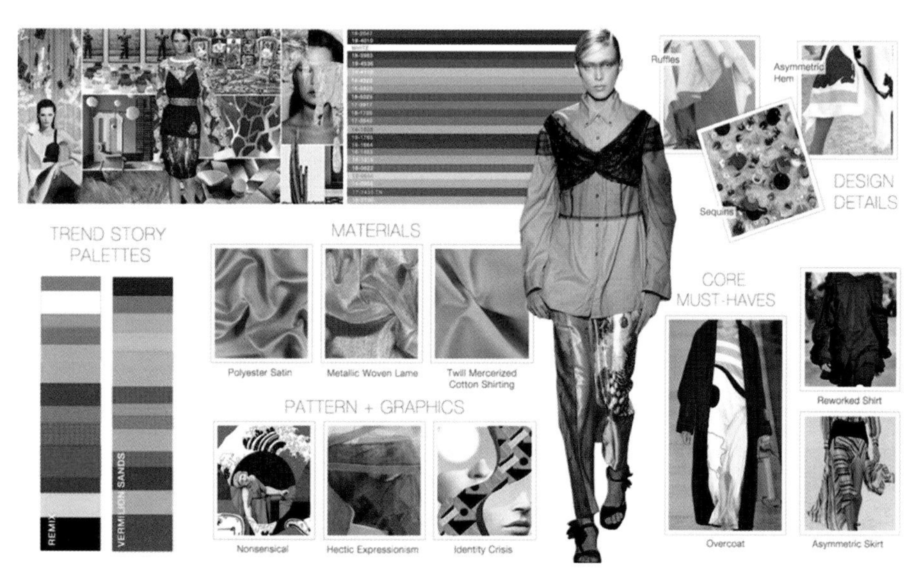

圖 8-1　美國 FashionSnoops 所發表的 2018 年女裝秋冬趨勢

表　流行時尚的傳播方式

<table>
<tr><td rowspan="2">傳統方式</td><td>電視與廣播</td><td>觀賞電視節目是國人重要的休閒活動，電視節目是消費者吸取流行時尚資訊的便利管道，也是行銷業者讓消費者不知不覺興起消費慾望的重要途徑。
廣播節目主持人藉由談話內容傳遞時尚資訊,例如：有機飲食或自行車慢活風潮。</td></tr>
<tr><td>報紙與雜誌</td><td>賞心悅目的雜誌仍然受許多消費者的青睞，報紙傳播則日漸式微。</td></tr>
</table>

傳統方式	櫥窗	百貨公司與專賣店的櫥窗或櫃檯裝置，皆能讓消費者眞實地感受流行時尚的元素。
現代方式	時尚與藝文展	透過時尚動態展，或藉由博物館，美術館等單位的商品展覽活動，結合時尚名人代言，增加推廣效益。
	網際網路	全球性資訊的快速流動，對年輕族群的影響力最大，隨著網際網路的普及，將成爲未來傳播的主流。

三、流行時尚的發展

流行時尚的形成，最早期是由服飾開始，逐漸擴增至食、住、行、育與樂等各種生活層面，以下簡介服飾發展的時代背景與特色。

年代	時代背景	服飾特色
1900 年以前	社會階層明確	特權階級與社會大眾有清楚的服飾規範。 
1900 年代	出現服裝設計師、服飾品牌。	時裝之王波耶特（Paul Poiret）率先解放女性身上的馬甲與束腹，開啓女裝現代化大門。  波耶特的設計作品

年代	時代背景	服飾特色
1920～1930年代	1. 第一次世界大戰，戰爭讓女性獲得自主權。 2. 服裝設計師香奈兒（Coco Chanel）引領風騷。	1. 女性裙長漸短，開始穿著長褲，各式戶外服飾紛紛出現。 2. 香奈兒再次將緊身塑胸轉爲寬鬆上衣，表現機能性和輕便性。
1940年代	1. 第二次世界大戰物質短缺。 2. 特多龍等人造纖維問世。 3. 比基尼（bikini）誕生。 4. 迪奧的「新風貌」作品代表戰時貧窮與實用服飾時代的結束。	1. 服飾以簡單實用爲主。 2. 服飾成爲大眾皆能消費的商品，成衣業開始動搖高級時裝。 迪奧的「新風貌」作品
1960～1970年代	反越戰與反文化，年輕人挑戰社會秩序。	1. 搖滾樂、牛仔褲、皮夾克盛行。 2. 嬉皮文化、龐克風與街頭混搭風興起。 3. 迷你裙漩風。
1980～2000年代	政治抗爭結束，社會安定，消費者主導流行時尚。	1. 民族風與雅痞風流行。 2. 強調健康與強壯的體態，服裝中性化。 3. 流行時尚國際化，巴黎、米蘭、紐約、倫敦與東京居世界領導地位。 4. 服裝邁向一個全球單一的市場。
2000年代之後	科技與資訊飛快進步，青少年影響時尚，使人們的視角從關注物質轉移到自我。	1. 流行時尚迅速化與多樣化，極簡與繁複設計並存。 2. 流行時尚個人化興起。 3. 實用或舒適服飾成爲新的風氣。

家政焦點

引領時尚的可可 · 香奈兒

法國時裝設計師可可 · 香奈兒是香奈兒品牌的創始人，她的現代主義見解、男裝化的風格及簡單的設計，使她成為 20 世紀時尚界重要人物之一。

1910 年，可可 · 香奈兒為原來穿著裙子的女人設計運動褲裝，又將緊身塑

胸束腹轉為輕鬆自由的寬鬆上衣，在當時被認為是離經叛道，但成為女性服飾主義的重要起源。

香奈兒品牌套裝第一眼看來並不突出，卻能將肩膀與腰身塑造出完美比例，又有良好修飾身材的效果，此為香奈兒品牌歷久不衰的最重要因素。香奈兒是第一個打破珠寶迷思的品牌，常將真假珠寶混搭。因為香奈兒夫人的喜愛，「山茶花」成為飾品的主要造型。皮件以閃亮的金鍊及「雙 C」標誌，吸引全球女性的迷戀。香奈兒五號香水，更讓消費者趨之若鶩。

四、流行時尚的生命週期

流行時尚商品就像具有生命一般，不斷的發展與綿延，但又受制於人類的喜好。以服飾的流行時尚生命週期而言，當服飾看來像多數人穿著的制服時，就無法表現穿著者的個性與個人品味，此時，這類服飾就會被捨棄而逐漸消失，新的服飾卻已經逐漸萌芽成長（圖 8-2）。

商品生命週期的長短由消費者決定，週期愈長，選用人數愈多，依週期時間長短，可分爲狂潮、流行時尚與經典三種類型（圖 8-3），多數人認爲狂潮易發生於青少年族群，流行時尚則是大眾化而膚淺，但流行時尚若能經過時間的考驗，就能轉型爲經典。

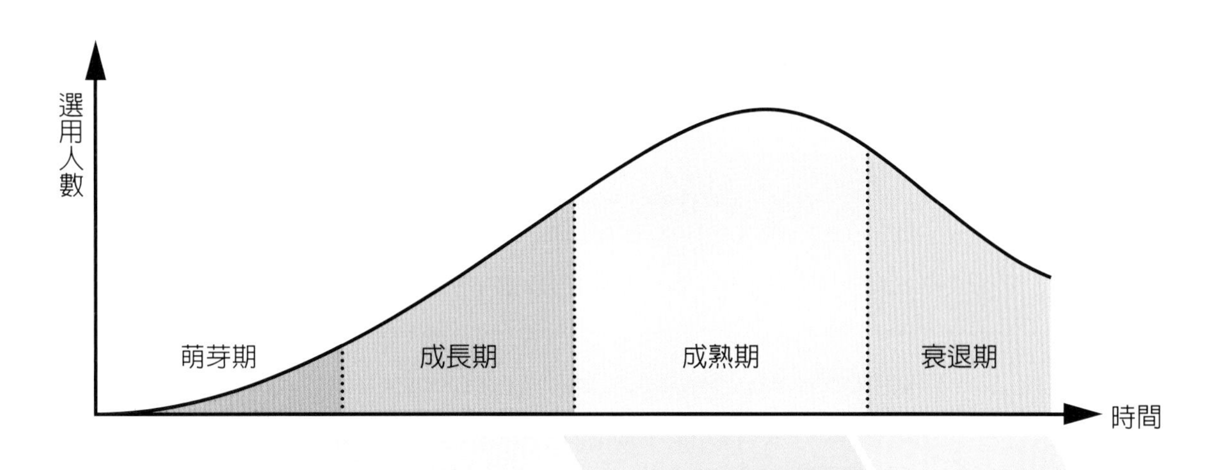

圖 8-2 一般商品生命週期的發展階段

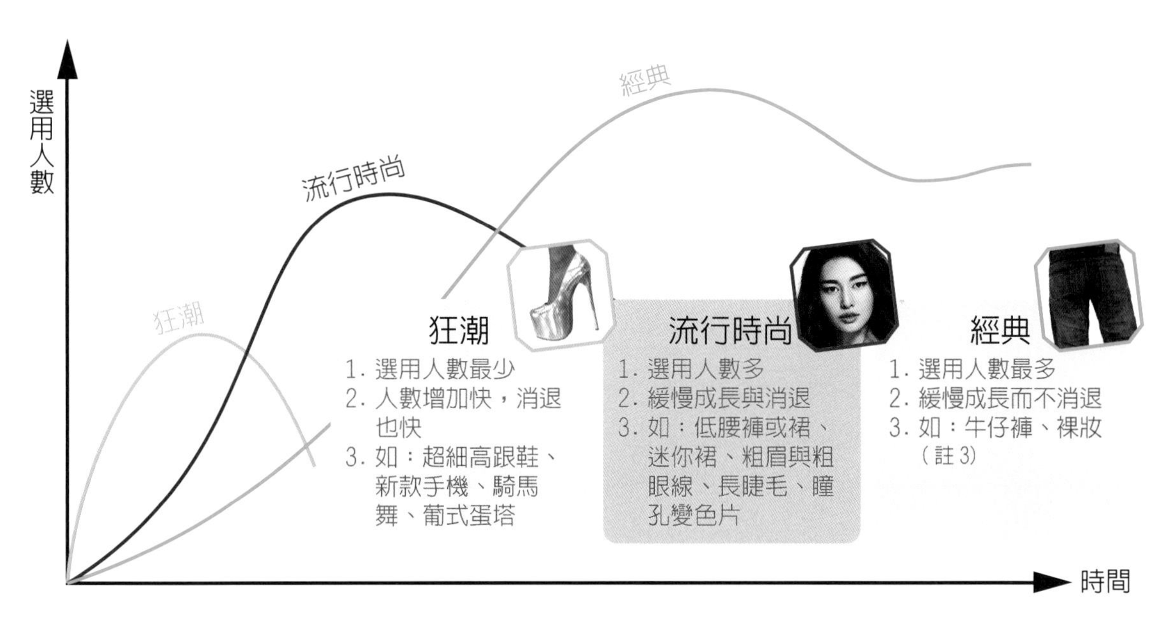

圖 8-3 流行時尚商品類型與特色

五、影響流行時尚趨勢的因素

流行時尚具有趨向相同與同中標異雙重特色，多數人趨向相同的風格形成流行，而當流行達到巔峰，大家的風格都很類似時，就須要領導者改變，創造新流行。而影響流行時尚趨勢的因素有下列五項：

<table>
<tr><td>人為創造</td><td colspan="2">1. 利用消費者喜新厭舊心理，不斷地翻新產品，例如：智慧手機拍攝與防水等功能不斷翻新。
2. 利用限量與宣傳手法，使消費者搶購，例如：HTC 請臺灣天團五月天爲手機廣告代言人。</td></tr>
<tr><td>資訊科技</td><td colspan="2">1. 科技進步使全球能夠同步流行。
2. 網際網路是最快速與最大量的傳播工具。</td></tr>
<tr><td>風俗文化</td><td colspan="2">風俗文化形成地方特色與差異化的流行時尚，例如：紅龜糕與紅花被單的紅色，是臺灣人最原始、純樸與幸福的色彩，形成流行時尚的「臺灣紅」（圖 8-4）。
圖 8-4　將臺灣紅運用於眼唇彩妝</td></tr>
<tr><td>環保意識</td><td colspan="2">1. 不染色的棉花等環保素材。
2. 舊衣改造的設計方式。</td></tr>
<tr><td rowspan="2">消費者心理</td><td>獨特性</td><td>1. 青少年不追隨名牌，自己混搭，表現個性。
2. 業者到國外購買貨品，混搭成獨特性商品，是個性消費者的新寵。</td></tr>
<tr><td>自主性</td><td>滿足消費者「舒適性」或「功能性」的個人需求，是市場的新趨勢。</td></tr>
</table>

第二節　家政與時尚

隨著時代的變遷，人們生活的態度與價值觀也不斷改變，由吃得飽、穿得暖以及遮風避雨等簡單物質需求的滿足，提升至美學、風格、品味或個性化的時尚表現，時尚成爲現代社會人們生活的重要動力。

時尚女王可可 ‧ 香奈兒曾說：「時尚是正在發生的事，是人們生活的方式」。而家政是管理家庭事務的工作，藉以提升個人及家庭的生活品質，家庭事務則包括人們食、衣、住、行、育與樂等生活層面，所以家政與時尚具有密切的關係，藉由學習時尚新知，了解人與自然環境、社會環境的互動關係，提升家人生活的品質。

時尚是人類進步的動力，綠色時尚則爲現代生活的新指標，其中只要符合地球的環保理念與人類永續發展的生活方式，都屬於綠色時尚生活。樂活（LOHAS）(註 4) 的簡單健康生活型態就是最具體的綠色時尚生活表現，下表簡介現在的時尚家政與未來的時尚家政趨勢：

類別	現況	新趨勢
食	1. 多元飲食文化： (1) 各式異國風味料理。 (2) 速食：漢堡、炸雞、可樂、比薩。 (3) 便利商店：簡單餐飲。 (4) 下午茶：咖啡、茶、點心。 2. 環保杯筷：減少砍伐樹木與傳染疾病。	1. 綠色消費：選擇低碳商品、當地生產的蔬果，避免長途運送增加二氧化碳排放量。少吃排碳量高的肉類食品，減緩地球暖化的問題。 2. 有機食品：避免農藥與化學肥料破壞土壤，不食用含生長激素與基因改造食品，增進個人健康。

類別	現況	新趨勢
衣	1. 人為創造的流行時尚服飾。 2. 機能性服飾：涼爽衣與吸濕排汗衫等。	1. 環保服飾：選用不使用農藥或不染色的有機植物纖維服飾，植物性有機彩妝或保養產品。選購二手服飾、舊衣改造或交換穿著、飾品改造組合等。 2. 智慧型服飾：自潔紡織品與光顯色纖維等。
住	1. 生活機能性佳的住宅區。 2. 滿足個人隱私的生活空間。 3. 具備停車位。	綠色建築：指建築物由生產建材到施工、使用及最後的拆除，皆以消耗地球最少的資源為最高原則。採用綠色建築能達到身體健康的目的，又具有節約水電的經濟效益。
行	1. 擁有自用小客車。 2. 搭乘捷運上下班、臺鐵火車環島旅行或高鐵遠距通勤。	1. 腳踏車或步行取代汽車，爬樓梯取代搭乘電梯等（圖 8-5）。 2. 大眾運輸交通工具普及化。 3. 自用小客車小型化與自動化。 4. 環保能源型汽車。 圖 8-5　自行車慢活的風潮，由單純的休閒活動漫延到日常生活中的通勤
育	1. 補習國、英、數等學術課程。 2. 學習才藝。 3. 學習第二外國語言。 4. 國外遊學。 5. 長青學苑樂齡學習。	1. 強調發展多元能力，行行出狀元。 2. 重視家庭教育。 3. 終身學習，每個人終身樂於學習新知，享受自信與活力的生活。 4. 視訊傳播的教育方式。
樂	1. 視聽媒體：電視、電影、網際網路。 2. 電動遊戲、iPad、觸控智慧型手機。 3. 季節性賞花活動。	1. 家庭視聽媒體功能的精進。 2. 透過手勢、聲音等人體感官方式的超感應智慧型手機。 3. 強調家人共同參與、一起分享的各類休閒活動。

家政焦點　**愛地球，一起低碳消費吧！**

為因應全球暖化問題，鼓勵民衆「低碳消費」，已成為國際關注的重要議題。臺灣碳標籤（圖 8-6）上的數值即為該產品由原料取得、製造、配送銷售、使用及廢棄回收等生命週期各階段產生的二氧化碳總和，數字愈小愈環保。

圖 8-6　臺灣碳標籤

第三節　與時尚相關之生涯發展

隨著生活水準的提高與科技的長足進步，人們愈來愈重視生活品味，追求精緻文化生活已成趨勢，政府爲因應國際化的時尚產業需求，於民國 91 年推出「文化創意產業」發展政策，強化視覺、造型、服裝、手工藝、色彩等相關專業能力的培育，以滿足藝術創作、產品設計與企業形象包裝等行業的設計與行銷人才需求。

一、與時尚相關之產業

文化創意產業是指源自創意或文化積累，透過智慧財產的形成與運用，具有創造財富與就業機會潛力，並促進整體生活環境提升的行業。文化創意產業包含視覺藝術、音樂與表演藝術、文化展演設施、工藝、電影、廣播電視與創意生活產業等，家政群學生可依興趣規劃，投入其中與時尚相關之行業：

1. 時尚品牌產業：服飾等時尚商品設計、採購或銷售。
2. 婚禮產業：彩妝師、整體造型師、新娘秘書、婚禮攝影與婚宴喜帖或小禮物設計等。

3. 視覺設計產業：產品外觀、包裝、品牌視覺與網頁多媒體設計等。

4. 出版產業：時尚雜誌、書籍的編輯及銷售。

5. 廣告產業：各種媒體宣傳物之設計、繪製、攝影、模型製作、裝置及公關等行業。

6. 空間設計產業：室內空間設計、展場設計、景觀設計、櫥窗設計等。

二、從事時尚行業的能力與素養

時尚行業是與時俱進、不斷改變的行業，欲投入相關行業者，須具備多元的能力與素養，使自己更具競爭優勢。

1. 美學涵養：欣賞大自然、藝術品、古老的建築或設計商品等都是涵養美學的管道。

2. 觀察力：能隨時感應流行的脈動與消費者的喜好。

3. 創造力：能賦予商品新的風貌與價值，獲得消費者的青睞。

4. 外語能力：能抓住國際社會快速的發展趨勢，取得優先的獲利機會。

5. 資訊能力：能快速蒐集或整理資料，提升工作效率。

第四節　模特兒相關行業介紹

早期服裝銷售都是藉由服裝靜態的展示，19 世紀中葉巴黎高級定製服老闆查理 ・ 沃斯（CharlesWorth）認為靜態展示無法表現設計師的全部理念，沃斯就請後來成為妻子的漂亮女職員瑪莉 ・ 韋爾（MarieVernet）穿著並走動展示。

這種以實際人體著衣的展示方式，成爲服裝表演的開端，查理•沃斯是推動時裝表演的始祖，他的妻子則是世界上第一位眞人時裝模特兒。

一、模特兒的定義

模特兒是由英文 Model 直接翻譯而來，又有麻豆或毛豆等別稱，主要是指以電視、網路或廣告等任何形式媒體，進行時尚產品或服務推廣、時裝表演或形象代言的工作者，模特兒依專職程度分爲專業模特兒與業餘模特兒二大類：

（一）專業模特兒

1. 接受過相關模特兒專業訓練。
2. 已簽約成爲模特經紀公司旗下的模特兒。
3. 自由身專業模特兒其個人演出履歷或資料，須可見於任何一間合法模特兒經紀公司之官方網站。

（二）業餘模特兒

指可能是爲興趣或者作爲兼職工作者。大多數由參展商招聘，經常出現在各類大型展覽，如：動漫電玩節、商品發表會等，電視廣告、平面廣告或業餘攝影活動等，也是業餘模特兒經常亮相的方式。

二、模特兒的類型、工作與條件

生產商品的目的就是要銷售並獲取利潤，藉由模特兒生動的肢體詮釋，更能達到行銷商品的目的。模特兒依工作內容可分爲四種類型，其條件也因工作性質而不同。

類型	伸展臺模特兒 Fashion model	展場模特兒 Show girl	動態廣告模特兒	平面模特兒
工作內容	以臉部表情和肢體語言在服裝伸展臺走秀，代言服飾商品	在汽車、3C等商品展場，以動態方式，宣傳商品	MV、電視商品廣告	拍攝雜誌、海報、宣傳單或網拍商品的平面媒體廣告
容貌條件	不特別要求	漂亮、可愛或甜美	1. 漂亮或上相，如：化妝品模特兒 2. 符合劇情或商品需求，如：開喜烏龍茶婆婆	漂亮、上相或有型，如：演藝人員或知名運動員
身材條件	高挑、纖細、腿型美身高 170～178 公分，體重 48～57 公斤	160 公分以上、有好身材、腿型美	1. 不特別要求 2. 符合劇情或商品需求，如：沐浴乳廣告須身材曲線玲瓏 3. 模特兒拍攝 MV 須與歌手身高搭配	不特別要求
肢體語言條件	1. 必須受過專業訓練 2. 儀態優雅 3. 臺步穩健 4. 自信大方	活潑、敢秀、開朗且具親和力	1. 具有表演細胞 2. 具備體力與精神的耐力，能接受長時間重複性的拍攝	1. 豐富的臉部表情與姿態 2. 能接受長時間拍攝

家政焦點 **模特兒公司詐騙術**

騙徒利用年輕人的摘星夢，進而騙取費用，世界各地都有，且手法大同小異。騙徒先派不知情的工讀生，在路上尋訪「有資質」的被害者，工讀生告訴被害者，一些戲劇、廣告或平面媒體須要模特兒，希望能夠留下資料，讓經紀公司能培養成為明日之星。過些日子，自稱是經紀公司的騙徒，打電話請被害者到公司面談，騙徒以亮麗的穿著，一些假的藝人照片，不斷鼓吹被害人，不要小看自己的資質，並要求受害者先擺幾個姿勢，且支付「試鏡費」。幾天後，以錄取名義要求被害人支付拍攝「宣傳照」及製作「模特兒卡」的費用，或是廣告公司、電視公司的「通告費」等，最後則消失，避不見面。

網路上有些 Blog 留言版也會有很多人留言，徵網拍模特兒或拍 MV 等，請記住，在應徵模特兒時，應先調查該公司評價，若須付錢拍照或先付押金，皆須請公司給你證明或簽簡單的合作約，再三確認，以免受騙。

三、模特兒的專業素養

模特兒的工作並不是打扮漂亮，站著亮相就可以，具有模特兒專業素養才能有出色的表現，成爲聚光的焦點。以下簡述模特兒的專業素養：

1. 均衡的膳食：養成定時、定量與均衡的飲食習慣，才能擁有健康的體態，不會成爲紙片人。
2. 有恆的運動：每日適度的運動，保持身材的完美曲線，並有應付工作的體能。
3. 充足的睡眠：不熬夜，晚上 11 點以前就寢，每日 7 ～ 8 小時的睡眠時間，由內而外，保持好氣色。
4. 適度的保養：維持身體的清潔，並藉由保養品保養頭髮及全身的肌膚。

5. 彩妝的技巧：學習彩妝新知與技能，即使活動沒有專業彩妝師，也能自己打理。

6. 流行的脈動：定期蒐集時尚資訊，掌握流行趨勢，才能扮演最佳的時尚代言人。

7. 肢體的協調：持續培養律動感，練習臺步與各種姿勢，使其流暢自然。

8. 敬業的精神：在工作中，能忍受廠商、導演或攝影師的批評，被要求擺出高難度的姿勢，也能充分配合，毫無怨言。

四、模特兒的挑戰

亮麗的外表、吸引眾人注目的眼光、走在流行時尚尖端的行業特性，使模特兒成爲許多人的夢想，然而在美麗行業的背後，其實有很多的挑戰，是有志從事者須要了解的。

1. 日常飲食須節制：營養均衡，但須有毅力控制飲食攝取量，對抗美食的誘惑，保持窈窕的身材。

2. 薪水來源不穩定：有案子的時候才有收入，經紀公司還要抽取佣金，自己不可以私下接案件。

3. 工作時間不固定：有時工作量很大，長時間穿著高跟鞋或反複練習，或是處在氣候不佳的環境工作（圖 8-13），體力負擔沉重；有時卻完全無工作，心理壓力也很高。

4. 職業生命週期短：到了一定的年紀，就沒秀可接，在工作的空檔，須有轉型規劃，例如：秀場指導、整體造型師、商業投資或朝演藝圈發展，像是隋棠與阮經天都是成功轉型爲演藝工作者。

重點摘要

8-1 流行時尚的趨勢

1. 流行時尚：在特定時間內，形成普遍性或具有指標性的風潮，是有計畫地過時。
2. 流行時尚範圍廣泛且被多數人接受
3. 流行時尚的傳播方式：
   (1) 傳統方式：電視與廣播、報紙與雜誌、櫥窗。
   (2) 現代方式：網際網路、時尚與藝文展。
4. 流行時尚的生命週期：
   (1) 萌芽期：設計師設計發表新款式或新材質。
   (2) 成長期：款式獨特且價位高，但獲得流行領導者的選用。
   (3) 成熟期：大量生產且價位低，流行追隨者大量選用。
   (4) 衰退期：存貨拍賣而價位特廉，流行拾惠者選用。
5. 流行時尚商品類型：

類型	選用人數	週期時間	實例
狂潮	最少，人數突然增加迅速減少	時間短 快速成長與消褪	葡式蛋塔、牛角麵包、新款手機、超細高跟鞋
流行時尚	偏多	時間長 緩慢成長與消褪	騎馬舞、低腰褲或裙、迷你裙、粗眉、粗眼線、長睫毛、彩色瞳孔鏡片
經典	最多	時間最長 緩慢成長而不消褪	牛仔褲、裸妝

6. 流行時尚的趨勢：人為創造、風俗文化、資訊科技、環保意識、消費者心理（獨特性、自主性）。

8-2 家政與時尚

1. 家政的時尚趨勢：
   (1) 食：綠色消費、有機食品。
   (2) 衣：環保服飾、智慧型服飾。
   (3) 住：綠色建築。
   (4) 行：腳踏車、步行、爬樓梯、共乘、搭乘公共運輸交通工具。
   (5) 育：強調多元能力、重視家庭教育、終身學習、視訊傳播教育。
   (6) 樂：家庭視聽媒體功能精進、超感應智慧型手機、家人共同參與休閒活動。

8-3 與時尚相關之生涯發展

1. 從事時尚行業的能力與素養：專業知識與技能、美學涵養、觀察力、創造力、外語能力、資訊能力。

8-4 模特兒相關行業介紹

1. 模特兒的類型：伸展臺模特兒、展場模特兒、動態廣告模特兒、平面模特兒。
2. 模特兒的專業素養與挑戰：

(1) 專業素養：均衡膳食、有恆運動、充足睡眠、適度保養、彩妝技巧、流行脈動、肢體協調與敬業精神。

(2) 挑戰：節制飲食、薪水不穩定、工作時間不固定、工作生命週期很短

請沿虛線撕下

課後評量

範圍：第八章

班級：__________ 座號：______ 姓名：__________

評分欄

一、選擇題（每題 3 分）

(　　) 1. 流行時尚的敘述，何者錯誤？ (A) 範圍廣泛 (B) 指標性的風潮 (C) 被少數人接受 (D) 有計畫地過時。

(　　) 2. 流行時尚的傳播方式，何者錯誤？ (A) 網際網路對樂齡族群的影響力最大 (B) 電視是吸取流行時尚資訊的便利管道 (C) 報紙已日漸式微 (D) 網際網路將成爲未來傳播的主流。

(　　) 3. 商品的生命週期發展階段何者正確？ (A) 萌芽期 (B) 成長期 (C) 成熟期 (D) 以上皆是。

(　　) 4. 「臺灣紅」屬於何種類型的流行時尚？ (A) 人爲創造 (B) 風俗文化 (C) 消費者心理 (D) 環保意識。

(　　) 5. 設計師設計發表新款式或新材質是屬於流行時尚生命週期的哪一個階段？ (A) 萌芽期 (B) 成長期 (C) 成熟期 (D) 衰退期。

(　　) 6. 狂潮的流行時尚商品，何者正確？ (A) 牛仔褲最具代表性 (B) 選用人數最多 (C) 週期的時間特色是快速成長與消褪 (D) 週期時間最長。

(　　) 7. 不染色棉花環保素材及舊衣改造設計方式屬於？ (A) 人爲創造 (B) 風俗文化 (C) 環保意識 (D) 消費者心理。

(　　) 8. 服飾的時尚趨勢，何者錯誤？　(A) 強調機能性服飾　(B) 舊衣改造　(C) 採用無農藥的植物纖維　(D) 選用低成本的化學染色布料。

(　　) 9. 選用人數最少，人數突然增加迅速減少，時間短且快速成長與消退稱爲：　(A) 流行時尚　(B) 狂潮　(C) 經典　(D) 獨特。

(　　) 10. 模特兒的挑戰敘述，何者正確？　(A) 體力負擔沉重　(B) 活動由經紀公司負責，無心理壓力　(C) 自己很容易接到案件　(D) 走在流行時尚尖端。

(　　) 11. 服飾成爲大眾皆能消費的商品，成衣業開始動搖高級時裝大約是在哪一時期？　(A)1940 年代　(B)1950 年代　(C)1960 年代　(D)1970 年代。

(　　) 12. 想要成爲一位流行時尚編輯，其所需具備的能力爲何？　(A) 生動的文筆　(B) 閱讀國內外流行資訊的習慣　(C) 流利的外語能力　(D) 以上皆是。

(　　) 13. 何種類型的模特兒須要具備活潑、敢秀、開朗且具親和力的特質？　(A) 展場模特兒　(B) 動態廣告模特兒　(C) 平面模特兒　(D) 伸展臺模特兒。

(　　) 14. 下列行業的工作性質，何者錯誤？　(A) 樣品師：將設計師設計的款式製作成實品，作爲買家下訂單之參考　(B) 新娘秘書：推薦準新娘與準新郎適合之禮服以及服務之收費等　(C) 秀場執行人員：協助秀場企劃者企劃之執行、模特兒試衣或彩排等業務　(D) 織品設計師：設計布料的編織、圖案與色彩。

請沿虛線撕下

(　　) 15. 流行時尚的傳播方式，何者錯誤？　(A) 百貨公司與專賣店的櫥窗或櫃檯裝置，皆能讓消費者眞實地感受流行時尚的元素　(B) 電視節目是消費者吸取流行時尚資訊的便利管道　(C) 網際網路的普及對銀髮族群的影響力最大　(D) 透過時尚動態展或結合時尚名人代言，可增加推廣效益。

(　　) 16. 有關服飾的發展，何者錯誤？　(A)1900 年代前特權階級與社會大眾有清楚的服飾規範　(B)1900 年代出現服裝設計師、服飾品牌　(C)1960 年代年輕人反韓戰，興起嬉皮文化　(D)1920-1930 年代機能性與輕便性的設計是香奈兒（Coco Chanel）的風格。

(　　) 17. 紐約華裔珠寶設計師 Anna Hu，她的兩件作品「Alexandrina」維多利亞女王耳墜，以及「Moonlight」月光手環，在 2009 年杜拜佳士得珠寶拍賣會，以高於平均底價 2 到 3 倍的價格賣出，也讓她成為佳士得史上最年輕珠寶設計師關於珠寶設計師的敘述，下列何者有誤？　(A) 需具備審美、立體空間概念及電腦 3D 繪圖能力　(B) 對各種材料的屬性、價值、色澤皆很熟悉　(C) 珠寶設計取決於設計師的審美觀點，成本大可不必考量　(D) 擁有高超的珠寶製作技能，才能獨當一面。

(　　) 18. 世界時尚的發源地，一般指的是何處？　(A) 法國巴黎　(B) 義大利米蘭　(C) 美國紐約　(D) 西班牙馬德里。

(　　) 19. 2000 年代之後，有關服飾的特色，何者正確？　(A) 服裝邁向一個全球單一的市場　(B) 流行時尚個人化興起　(C) 極簡主義見不到繁複設計　(D) 服裝中性化。

(　　) 20. 時尚產業之相關職業十分廣泛，下列何者不在其列？　(A) 婚禮規劃師　(B) 整體造型師　(C) 櫥窗陳列專員　(D) 家事管理人員。

二、填充題（每格 4 分）

1. 時尚設計師、採購或銷售屬於＿＿＿＿＿＿產業；彩妝師、整體造型師、新娘秘書、婚禮攝影與宴會喜帖或小禮物設計屬於＿＿＿＿產業。
2. 存貨拍賣而價位特廉，流行拾惠者選用爲＿＿＿＿＿期。
3. 流行時尚傳播的方式有＿＿＿＿＿＿與＿＿＿＿＿＿兩種。

三、簡答題（20 分）

1. 從事時尚行業的能力與素養須具備哪些條件？

圖片來源

圖 6-7　滿服：慈禧肖像，荷蘭畫家胡博·華士繪

圖 6-15　https://www.bella.tw/articles/shoes/20690

圖 7-3　Photo by Jazmin Quaynor on Unsplash

圖 7-5　Designed by Freepik

（請由此線剪下）

讀者回函卡

掃 QRcode 線上填寫 ▶▶▶

姓名：＿＿＿＿＿＿　生日：西元＿＿＿年＿＿＿月＿＿＿日　性別：□男 □女

電話：（　）＿＿＿＿＿＿　手機：＿＿＿＿＿＿

e-mail：（必填）＿＿＿＿＿＿＿＿＿＿＿＿＿＿＿＿

註：數字零，請用 Φ 表示，數字 1 與英文 L 請另註明並書寫端正，謝謝。

通訊處：□□□□□＿＿＿＿＿＿＿＿＿＿＿＿＿＿

學歷：□高中・職　□專科　□大學　□碩士　□博士

職業：□工程師　□教師　□學生　□軍・公　□其他

學校／公司：＿＿＿＿＿＿＿＿　科系／部門：＿＿＿＿＿＿＿＿

・需求書類：

□ A. 電子 □ B. 電機 □ C. 資訊 □ D. 機械 □ E. 汽車 □ F. 工管 □ G. 土木 □ H. 化工 □ I. 設計

□ J. 商管 □ K. 日文 □ L. 美容 □ M. 休閒 □ N. 餐飲 □ O. 其他

・本次購買圖書為：＿＿＿＿＿＿＿＿＿＿　書號：＿＿＿＿＿＿

・您對本書的評價：

封面設計：□非常滿意　□滿意　□尚可　□需改善，請說明＿＿＿＿＿＿

內容表達：□非常滿意　□滿意　□尚可　□需改善，請說明＿＿＿＿＿＿

版面編排：□非常滿意　□滿意　□尚可　□需改善，請說明＿＿＿＿＿＿

印刷品質：□非常滿意　□滿意　□尚可　□需改善，請說明＿＿＿＿＿＿

書籍定價：□非常滿意　□滿意　□尚可　□需改善，請說明＿＿＿＿＿＿

整體評價：請說明＿＿＿＿＿＿＿＿＿＿＿＿＿＿＿＿

・您在何處購買本書？

□書局　□網路書店　□書展　□團購　□其他＿＿＿＿＿＿＿＿

・您購買本書的原因？（可複選）

□個人需要　□公司採購　□親友推薦　□老師指定用書　□其他＿＿＿＿＿＿

・您希望全華以何種方式提供出版訊息及特惠活動？

□電子報　□ DM　□廣告（媒體名稱＿＿＿＿＿＿＿＿＿＿＿＿＿＿）

・您是否上過全華網路書店？（www.opentech.com.tw）

□是　□否　您的建議＿＿＿＿＿＿＿＿＿＿＿＿＿＿＿＿

・您希望全華出版哪方面書籍？＿＿＿＿＿＿＿＿＿＿＿＿＿＿

・您希望全華加強哪些服務？＿＿＿＿＿＿＿＿＿＿＿＿＿＿

感謝您提供寶貴意見，全華將秉持服務的熱忱，出版更多好書，以饗讀者。

填寫日期：　　/　　/

2020.09 修訂

親愛的讀者：

感謝您對全華圖書的支持與愛護，雖然我們很慎重的處理每一本書，但恐仍有疏漏之處，若您發現本書有任何錯誤，請填寫於勘誤表內寄回，我們將於再版時修正，您的批評與指教是我們進步的原動力，謝謝！

全華圖書　敬上

勘　誤　表

書　號		書　名		作　者	
頁　數	行　數	錯誤或不當之詞句		建議修改之詞句	

我有話要說：（其它之批評與建議，如封面、編排、內容、印刷品質等・・・）

家政概論

作者 / 張文軫、張嘉苓

發行人 / 陳本源

執行編輯 / 田悅庭

封面插畫 / Designed by Freepik

封面設計 / 楊昭琅

出版者 / 全華圖書股份有限公司

郵政帳號 / 0100836-1 號

印刷者 / 宏懋打字印刷股份有限公司

圖書編號 / 0827302

定價 / 新臺幣 500 元

三版 / 2021 年 8 月

ISBN / 978-986-503-833-5

全華圖書 / www.chwa.com.tw

全華網路書店 Open Tech / www.opentech.com.tw

若您對書籍內容、排版印刷有任何問題，歡迎來信指導 book@chwa.com.tw

臺北總公司(北區營業處)
地址：23671 新北市土城區忠義路 21 號
電話：(02) 2262-5666
傳真：(02) 6637-3695、6637-3696

南區營業處
地址：80769 高雄市三民區應安街 12 號
電話：(07) 381-1377
傳真：(07) 862-5562

中區營業處
地址：40256 臺中市南區樹義一巷26號
電話：(04) 2261-8485
傳真：(04) 3600-9806（高中職）
(04) 3601-8600（大專）